晋阳古城建筑遗存

山西省考古研究院
太原市文物保护研究院

韩炳华　裴静蓉　主编

科学出版社
北　京

图书在版编目（CIP）数据

晋阳古城建筑遗存 / 韩炳华, 裴静蓉主编. -- 北京：科学出版社, 2024.4
ISBN 978-7-03-078313-4

Ⅰ.①晋… Ⅱ.①韩…②裴… Ⅲ.①古建筑-文物保护-研究-晋阳县 Ⅳ.①TU-87

中国国家版本馆CIP数据核字（2024）第064694号

责任编辑：樊 鑫／责任印制：霍 兵
责任校对：张亚丹／书籍设计：北京美光设计制版有限公司

科学出版社 出版
北京东黄城根北街16号
邮政编码：100717
http://www.sciencep.com
北京汇瑞嘉合文化发展有限公司 印刷
科学出版社发行 各地新华书店经销

*

2024年4月第 一 版 开本：889×1194 1/16
2024年8月第二次印刷 印张：17
字数：453 000

定价：358.00元

（如有印装质量问题，我社负责调换）

目录

晋阳历史文化与建筑遗存 ········ 01

第一章　建筑遗物 ········ 33

库狄回洛墓 ········ 34

娄睿墓 ········ 39

徐显秀墓 ········ 42

虞弘墓 ········ 44

郭行墓 ········ 46

赫连山墓和赫连简墓 ········ 66

乱石滩 M1 ········ 81

龙泉寺棺椁 ········ 87

王小娘子墓 ········ 100

太惠妃墓 ········ 102

西镇十号墓 ········ 107

天龙山石窟 ········ 110

器物模型 ········ 114

第二章　石构件 ········ 119

柱础石 ········ 120

石帐座 ········ 123

石雕残件 ········ 127

石雕莲花底座 ········ 130

石雕狮子……133
　　其他……139

第三章　砖……147

　　长方形砖……148
　　正方形砖……156
　　空心砖……170
　　其他……180

第四章　瓦……185

　　瓦当……186
　　筒瓦……214
　　板瓦……229
　　当沟瓦……240
　　脊头瓦……242

第五章　脊饰……249

　　脊兽……250
　　鸱尾……256
　　鸱吻……260

第六章　建筑工具……263

　　夯……264

晋阳历史文化与建筑遗存

《资治通鉴》记载了上起周威烈王二十三年（公元前403年），下迄后周显德六年（959年），前后共1362年的历史。晋阳城肇建于东周（公元前497年），废弃于北宋太平兴国四年（979年），前后共1476年。从时间上看，晋阳城的历史与《资治通鉴》所载历史大致相重叠，而且还要长出114年。从晋卿赵氏开始经营晋阳，历代政权与北部诸少数民族杂处融合、战争撕裂，在滚滚历史长河中续写了波澜壮阔的历史。以晋阳为中心的历史，为唐宋时期的国家与社会空前大发展奠定了基石，揭示了中华文明长时段发展的基本特征。中华文明从多元走向一体，各民族共同体意识形成，晋阳不仅是这个历史进程的见证者，同时也为古文明发展做出了重要的贡献。

晋阳是一座中国北方的古代都市，而研究古代都市，属于城市考古的内容。众所周知，中国古代城市多是有城墙的，由城墙围合起来的空间与布局是古代城市考古所定义的研究内容，一般来说就是城墙内的空间与布局。但是城市以外的空间，如墓葬区、祭祀的祠庙、信仰活动的宗教场所、连接城内的城外道路桥梁，都应该算作是城市的有机组成部分，都应该算作是城市的景观。因此，完整的城市考古学应该是以城址、道路交通、墓葬、石窟及相关寺庙为大聚落的综合性考古，不仅仅关注局部，更需要将城内与城外、地上与地下、物质生活与精神追求衔接。只有这样才能系统全面阐释清楚一个城市在长时期发展变迁中政治、经济、社会、文化等等复杂的历史现象与因果关系，而这一点过去学术界关注并不多。一开始的晋阳古城考古工作，我们也没有这么思考。在逐渐深入的工作中，思路才得到拓展，我们才认识到城内的考古遗存与城外有太多关联性，必须将这些统筹起来系统全面研究（图一）。

图一　晋阳古城附近卫星影像（20世纪60年代）

基于以上的这些认识，促成了我们在更大范围内整理与研究晋阳古城出土的历代物质文化资料。把城内城外的资料都汇总在一起，庶几清楚看到一个相对完整的面貌。比如说，我们研究古代建筑，更多关心地上建筑遗构，但地上建筑的遗构的生成过程十分复杂，每个单体都凝结了从始建、重建、反复修缮到不断维护的过程，事实上，我们已经看不到一个纯粹的完整的早期地上建筑。古代墓葬不一样，其完整性、真实性保存较好，墓葬建筑的材料、尺度、功能、结构、空间利用以及象征意义都十分明晰。作为一种特殊的建筑类别，墓葬建筑不仅填补我们对于建筑史的认识空白，更能够启发我们思考更多地面建筑遗构的构成与演化。另外，石窟寺作为独特的建筑类型，更有其特别的意义。因此，城内的建筑遗存，城外的墓葬、道路、石窟寺遗存及寺庙建筑遗存相互依存，构成城市考古中不可或缺的内容。

晋阳古城自 1961 年谢元璐、张颌等先生首次考古调查以来，考古工作历经 60 年，发现了大量的遗迹和遗物。2010 年之后，晋阳古城成为山西省唯一被批准的国家首批立项的国家考古遗址公园，同时作为"十一五"至"十四五"国家重点保护的 150 处大遗址之一，在山西遗产保护中占有举足轻重的地位。考古工作取得了重大进展，取得了丰硕的成果，极大丰富了我们的认识，也激发和促使我们对于城市布局、城市功能、城市景观及相关经济、文化、思想等问题的思考。同时这些成果也引起了很大的社会反响，如获得"全国十大考古新发现"的徐显秀墓、虞弘墓，以及龙山石窟、天龙山石窟、蒙山及太山龙泉寺塔基遗址等越来越引起公众关注。

当然，这些都离不开长期以来的考古工作。系统和全面总结整理这些考古成果，现在尤为必要。爬梳 21 世纪初的 20 余年考古工作，工作内容和成果可分为三部分[1]。

1. 城垣勘探

2011 年以前，探明的西城平面基本呈矩形[2]，东西长 4780 米，南北宽 3750 米，面积约 20 平方千米，方向北偏东 18°。其中，城墙西北城角位于罗城老爷阁，西南城角位于南城角村，东南城角位于南、北瓦窑村，东北城角位置在东城角村（图二）。2011 年，我们尝试使用多种手段对城垣进行确认，但收获甚微。我们通过地质勘探的手段，摸清了东部地层埋藏的规律，发现了东城墙的痕迹及汾河故道大致位置。取得这些成果的同时，也使我们冷静思考考古勘探对于晋阳城考古研究的局限性。考古勘探虽然是考古工作中最直接有效解决城市布局的技术手段，但对于晋阳古城这样的城市遗址来说，时间延续长，不同文化层叠压打破关系复杂，西部区域建筑构件多，部分区域又有大量砂石覆盖，东部区域埋藏深，且水位浅。综合这些不利因素，勘探效果并不理想。探明西城的北墙也在近些年被否定。有的区域即使探明了城墙的形制，但不能确定城墙的年代。还有很多原以为重要遗迹的地方，被后来的考古发掘证

---

[1] 作为与城址考古发现同等重要的石窟寺考古、墓葬考古等内容，择要放在下文不同历史时期语境中叙述。

[2] 山西省考古研究所、太原市文物考古研究所、晋源区文物旅游局：《晋阳古城一号建筑基址》，北京：科学出版社，2016 年，第 9 页。

图二　2011 年前晋阳古城考古发现遗迹平面图

伪。不管怎样，这都是一个积累经验和教训的过程，也算是收获。总体而言，城垣确定还需很多工作要做，不同时期城垣的形状与位置更是未知。

2. 西城城内试掘

2002 年，对城墙西北城角及部分城墙进行解剖、发掘，推测该段城墙始建于汉晋之间，唐代有修补。2003—2006 年对古城营村疑似"大明城"遗址的北城墙和东城墙进行试掘，确定其时代为元明之交。2004—2005 年对场堰地夯土遗迹进行试掘，其时代为唐五代时期。2004 年发掘坝堰地城墙遗迹，年代最早为元代。2005—2009 年断续对西城墙及护城河局部开展解剖与发掘，发现了城墙两次大的营建过程和历代修补痕迹。2006 年发掘西城墙"水窗门"遗址，确认豁口宽 25 米，未发现路土以及城门遗迹。2009 年对晋源苗圃部分区域进行试掘，布设探沟 7 条，清理至五代、宋初地层止，首次发现晋阳城火烧水灌的遗迹。2011—2013 年在小殿台遗址开展抽样勘探和考古发掘，发现金元时期的道路和多座东周时期墓葬、灰坑。2013 年对大殿台遗址进行考古试掘，囿于客观条件限制，仅布设 3 条探沟。从清理的遗迹、遗物分析，发现该台地大体为边长 80 米的夯土台基，时代为北朝。2013—2014 年对晋阳古城西部区域内的晋源苗圃进行"一横两纵"的探沟调查，涉及探沟七段，共计 178 条，发掘长度 1780 米[3]，发现建筑基址、道路、夯土墙、灶、水渠与水井等遗迹。这些试掘的结果，都成为考

[3] 山西省考古研究所、太原市文物考古研究所、晋源区文物旅游局：《晋阳古城晋源苗圃考古发掘报告》，北京：科学出版社，2018 年。

晋 阳 历 史 文 化 与 建 筑 遗 存　05

图三　一号建筑基址遗迹航拍图（上为东）

图四　西南城墙解剖剖面图（北—南）

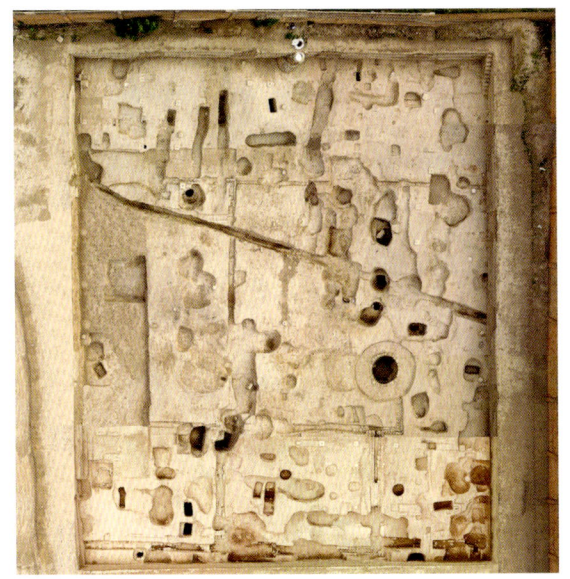

图五　三号建筑基址遗迹航拍图（上为北）

图六　瓷窑遗址遗迹平面分布图（右为北）

古发掘区块选择的重要依托，为西城城市内空间布局的认识，提供了极其重要的线索。

3. 重要建筑遗迹发掘

一号建筑基址[4]位于康培集团苗圃内，西距大运高速公路约20米，原定名为"西南城门"遗址。2013—2014年进行发掘。一号建筑基址并不是一处门址，而是由不同时代成片建筑群组成（图三）。其中第一期房址的建筑和使用年代约为晚唐，废弃于五代，主体为面阔三间进深两间带东西廊庑的建筑，为晚唐寺庙建筑的基本格式；第二期房址是遗址中最晚阶段的建筑基址，时代为五代至宋初。房屋基本是以碎砖瓦为基础的土坯墙建筑，根据出土物和紧挨城墙的位置分析，可能是北汉抵御北宋时军队的临时宿营地。此外，对一号建筑基址的发掘和西南城墙的解剖（图四），确认了西城墙南

[4] 山西省考古研究所、太原市文物考古研究所、晋源区文物旅游局：《晋阳古城一号建筑基址》，北京：科学出版社，2016年。

图七　一号作坊遗址遗迹平面图（上为西）

北两段，营建与使用不完全同步，为解决不同时代的城圈问题提供了资料。

三号建筑基址[5]位于晋源苗圃院内东北角，西距二号建筑基址110米，为晋源苗圃"一横两纵"探沟T1115、T1116内暴露的遗迹现象。2015—2017年进行发掘。三号建筑基址处于晋阳宫城区，主要的建筑基址营建于北朝时期，使用至唐代中期后逐渐废弃。在建筑之间围绕有排水渠，布局考究，仍可见暗渠、明渠、排水口等（图五）。从出土的建筑构件和日用器物推断，该基址可能是衙署的局部。对三号建筑基址的发掘，揭示了魏晋十六国、两汉、东周不同时期遗存的整体保存情况，确立了各个时期遗存的考古断代依据。

瓷窑遗址[6]位于二号和三号建筑基址之间，西距二号建筑基址60米，东距三号建筑基址50米。2021年进行发掘。瓷窑遗址开口于唐代文化层下，目前发现3座，均为马蹄形馒头窑，由火膛、窑室和烟道组成。火膛与窑室之间有挡火墙，窑室与烟道之间也有烟道墙相隔（图六）。瓷窑使用时间不长，以木炭为主要燃料，烧制有青瓷、化妆白瓷和细白瓷器，时代大致是隋至唐代早期，是山西地区目前发现最早的瓷窑遗址，填补了陶瓷考古的空白，为晋阳古城北朝至唐代早期的城市功能研究提供了参考资料。

一号作坊遗址[7]位于二号建筑基址东侧，系叠压于二号建筑基址下部文化层中的遗迹。2019年进行发掘，发现有房址、水池等。作坊遗址坐东朝西，面阔四间，进深一间。屋内有排列整齐的灶址，屋外除大面积的煤（灰）渣坑以外，还发现有疑似淬火的水坑（图七）。一号作坊遗址的年代为唐代中期，结合发现的坩埚和灰坑中的铜、铁残渣分析，作坊主要的生产目的就是冶炼和加工铜、铁。

二号建筑基址[8]位于晋源区侨友化工厂南侧，东距三号建筑基址110米，为晋源苗圃"一横两纵"探沟第四段、第五段、第七段局部探沟内发现的遗迹现象。2013—2018年进行发掘。二号建筑基址布局规整，周围廊庑环绕，内部各主要殿址间以露道连接，设计紧凑（图八）。基址内则出土了大量精

[5] 山西省考古研究院、太原市文物考古研究所、晋源区文物旅游局：《晋阳古城三号建筑基址》，北京：科学出版社，2020年。

[6] 山西省考古研究院、太原市文物保护研究院、山西省古建筑与彩塑壁画保护研究院：《晋阳古城瓷窑遗址发掘简报》，《江汉考古》2022年第3期，第37—50页。

[7] 山西省考古研究院、太原市文物保护研究院、山西省古建筑与彩塑壁画保护研究院：《晋阳古城唐代一号作坊遗址发掘简报》，《中国国家博物馆馆刊》2023年第3期，第6—29页。

[8] 山西省考古研究院、太原市文物考古研究所：《山西太原晋阳古城二号建筑基址发掘报告》，《考古学报》2022年第3期，第377—422页。

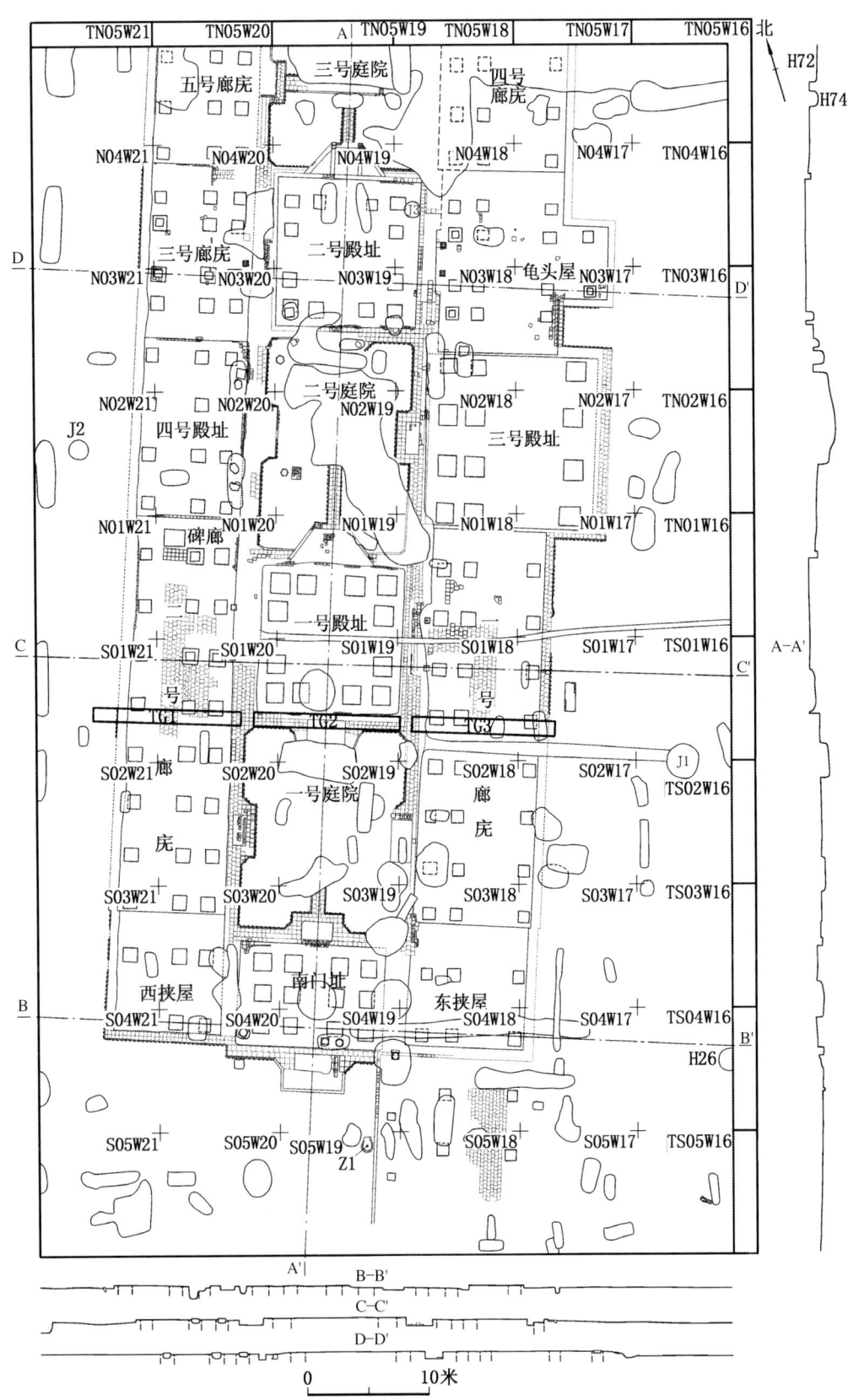

图八 二号建筑基址遗迹平、剖面图

美的日用瓷器和精致的石雕建筑构件，推测营建时间不早于晚唐，不晚于宋初。从带"迦殿"、"天王堂"等字样的残碑、金刚经残碑、石雕狮子等遗物看，其用途应为一处佛教寺院。出土的带有"晋阳宫"字样残碑表明基址可能是在隋唐晋阳宫旧址上建设的。在考古发掘的唐五代佛教寺院基址中，二号建筑基址是揭露面积最大、最为完整的寺院基址，对研究这一时期寺院的布局有重要的帮助。二号建筑基址位于历代城市活动的中心区域，并为解决北朝至五代时期城市布局问题奠定了基础。

总体而言，通过十年多的考古发掘，搞清楚了晋阳古城城内文化层的埋藏规律和遗存保存情况；初步勾勒出城内重要的遗存埋藏区，以及宫城、仓城等重要功能区的范围；搞清楚现存西城墙的不同段年代问题；发现了一段外城墙；发现了较大规模的建筑群、冶铸加工金属作坊、瓷窑遗址等，填补了过去关于晋阳城研究的空白。但是城圈的范围依然不清楚，勾勒的城市布局还待考古确认。

为了更好把握考古材料与历史时间的关系，我们先要将这些年确定的关于晋阳古城城内考古标准地层情况做一说明。

根据地层关系、堆积情况和出土遗物我们建立了一个晋阳城城内标准文化层序列（图九）。主要文化层年代有近现代（第1层）、明清（第2层）、宋元（第3层）、晚唐五代（第4层）、唐早中期（第5层）、北朝（第6层）、魏晋十六国（第7层）、东周汉代（第8层）。宋元以后的文化层（第1、2、3层）虽然较厚，但遗迹、遗物不丰富，结合历史文献看，已经不属于严格意义上的晋阳城。

一、东周两汉时期

春秋晚期，晋国卿大夫之间矛盾激烈，斗争愈演愈烈。公元前5世纪初，韩、赵、魏、知四家灭掉了范、中行。赵氏在这一斗争中力量增强，但实力最强的是知氏。赵氏深感危机存在，决定找到更好的立身之地。在长子、邯郸与晋阳三城之间选择了晋阳。晋阳由此开始了其城市史的生命。

在晋阳营建以前，文献中有记载与此相关的一些史料。

《尚书·夏书·禹贡》记：既修太原，至于岳阳。

《尚书·大传》云：东原底平，大而高平者谓之太原，郡取称焉。《汉书》也作郡名"高平曰太原，今以为郡名"即晋阳县是也。

《诗经·南有嘉鱼之什·六月》：薄伐玁狁，至于大原。《今本竹书纪年·宣王》也记：五年夏六月，尹吉甫帅师伐玁狁，至于太原。

《世本·居篇》云：夏禹都阳城，避商均也。又都平阳，或在安邑，或在晋阳。

《国语·周语上》云：宣王既丧南国之师，乃料民于太原。《今本竹书纪年·宣王》记有"四十年，料民于太原"。《史记·周本纪》也记同样内容。

《竹书纪年》有记"太原之戎"，如《古本竹书纪年·周纪》：夷王衰弱，荒服不朝，乃命虢公帅六师，伐太原之戎。

"后二十七年，王遣兵伐太原戎，不克。"

《今本》也记，《今本竹书纪年·夷王》：七年，虢公帅师伐太原之戎，

图九　三号建筑基址TN03W01东壁剖面图（左为北）

至于俞泉，获马千匹。

《今本竹书纪年·穆王》：秋八月，迁戎于太原。

《今本竹书纪年·宣王》：王师伐太原之戎，不克。此事与《古本》同，均辑出于《后汉书·西羌传》。

以上所记"太原"，与现在的"太原"应该没有关系。《左传·定公四年》所记晋国始封之事，说"晋在河汾之东，方百里"，而晋阳从历史上看，从来都在汾河之西，仅此一点就难与史书契合[9]。

《国语·周语》所云"料民之事"，更不可能发生在晋阳。宣王之时，为西周晚期。迄今为止的太原盆地还没有发现西周时期的遗存，所说"太原"一定和现在太原没有关系。未发现遗存的原因，推测可能在西周时期，太原盆地并不太适合人类居住。《汉书·地理志》记：邬，九泽在北，是为昭馀祁，并州薮。"并州"之地中心的太原盆地沼泽居多，交通很不方便，农业经济也很不发达。

进入春秋以后，晋国的活动区域扩大，至少在春秋晚期以前，疆域最大时的边界应该越过霍太山，进入太原盆地，或者更北。

《左传·昭公元年》，《经》记：晋荀吴帅师败狄于大卤。《广雅·释地》：大卤，太原也。《传》记：晋中行穆子败无终及群狄于大原。

这段史料《左传》所记"大原"，根据当时形势判断，就是现在太原盆地，以此知，"太原"确指太原盆地，这样的概念可能最早形成于公元前6世纪中叶。

而"晋阳"出现稍晚，最为明确的史料有《左传·定公十三年》，《经》曰：十有三年春……晋赵鞅入于晋阳以叛。《传》记此事甚详：秋七月，范氏、中行氏伐赵氏之宫，赵鞅奔晋阳[10]。

这一年是公元前497年。《史记·晋世家》同《春秋经》记载一致。《史记·赵世家》记此事发生在"十月"：十月，范、中行氏伐赵鞅，鞅奔晋阳，晋人围之[11]。

在公元前497年前，赵氏已经经营晋阳多年。

《国语·晋语九》记：赵简子使尹铎为晋阳。

尹铎之前有董安于治晋阳。《韩非子·十过》记张孟谈曰："夫董阏于，简主之才臣也，其治晋阳，而尹铎循之，其余教犹存，君其定居晋阳而已矣。"[12]

《说苑》也记董安于治晋阳，问政于蹇老。蹇老曰："曰忠、曰信、曰敢。"董安于曰："安忠乎？"曰："忠于主。"曰："安信乎？"曰："信于令。"曰："安敢乎？"曰："敢于不善人。"董安于曰："此三者足矣。"[13]

董安于、尹铎经营晋阳与赵简子奔晋阳之间并不会间隔时间太长，由此推断，晋阳城始建约在公元前500年左右。

其后，赵襄子时，知氏联合韩、赵攻晋阳，三家围困晋阳，引晋水灌城，

[9]（清）顾炎武撰，黄汝成集释：《日知录集释（上）·卷三十一》，北京：中华书局，2020年4月，第1586页。"唐 在河、汾之东，方百里。翼城正在二水之东，而晋阳在汾水之西，又不相合。窃疑唐叔之封以至侯缗之灭，并在于翼。"

[10]（清）阮元：《十三经注疏（清嘉庆刊本）》，北京：中华书局，2009年，第4670页。

[11]（汉）司马迁：《史记·赵世家》，北京：中华书局，1982年，第1790页。

[12] 高华平、王齐洲、张三夕释注：《韩非子》，北京：中华书局，2015年，第87页。

[13]（汉）刘向撰，向宗鲁校证：《说苑校证》，北京：中华书局，1987年，第157页。

"城不浸者三版。城中悬釜而炊，易子而食"[14]。而《史记·赵世家》则记赵襄子四年"奔保晋阳"，从上推断，三国攻晋阳应发生在赵襄子到晋阳后一两年，即赵襄子五年或六年，也就是公元前471、公元前470年左右。

在此以后《史记·赵世家》"献侯少即位，治中牟"。其后"敬侯元年……赵始都治邯郸"。治中牟以后的公元前403年，三家分晋[15]，赵开始成为诸侯国。应该说赵氏治晋阳，其身份是晋卿，并不能说赵国在晋阳建都，晋阳只能算是赵氏的政治中心。

赵氏在晋阳的经营，留下了丰富的文化遗存。最为显著的是金胜村赵卿墓。赵卿墓的周围还发现较多的中小型墓葬，墓葬出土有很多精美的青铜器，只是由于考古资料没有公布，学界知之甚少。出土其中的吴王鼎与蟠螭纹鼓座就非常精美。金胜村附近的平板玻璃厂发掘过上百座东周墓葬，可惜资料未整理便遗失。在晋阳城内，在对西城墙解剖时，发现了东周时期的城墙，从解剖结果看东周城西墙位置西侧叠压后期的城墙。在解剖这一段城墙时，意外发现铸造使用过的陶范三块，这些陶范的纹饰与赵卿墓出土青铜器纹饰相匹配，进而说明晋阳城内有青铜铸造作坊，而且位置就在西城墙下。2017年，为更深入了解这里的埋藏情况，计划在此发掘，但是因土地问题，未能实现。在西城墙与古城营村之间，被称为"小殿台"的位置，我们做过一次较大规模的发掘，发现了两座保存完整的东周墓以及较多的灰坑遗迹。由这些信息，推断东周晋阳城西墙在现在保存的西城墙位置，北墙约在古城营村北侧约在七三公路以南，南墙在侨友化工厂以北的老虎沟北岸，东墙难以判断。这个城的规模不会太大，地势高，位置重要，易守难攻，但容易被西侧晋水北河上支壅塞灌城。在三号建筑基址发掘中，仅发现少量的东周板瓦和素面半瓦当。附近还发现东周水井、灰坑遗迹，但都不丰富。而在西侧解剖二号建筑基址时，发现有一条较大的水沟，这个水沟的形成不晚于东周，延续至魏晋。据此推测，三号建筑基址发现的东周遗存与"小殿台"发现的东周遗存之间可能不在一个城内。东周晋阳城是不是还有一个小城？这些猜想，都有待未来考古证实。

秦灭赵以后，到底占领没占领太原是一个一直讨论的问题。

《汉书·贾捐之传》：以至乎秦，兴兵远攻，贪外虚内，务欲广地，不虑其害。然地南不过闽越，北不过太原。

这里的"太原"，不是今太原，顾炎武《日知录》有详述，兹不赘。

《史记·秦本纪》记：司马梗北定太原，尽有韩上党。

这一历史事件发生在秦昭王四十八年，即公元前259年。随后"二年（秦庄襄王，公元前248年），使蒙骜攻赵，定太原"；"初置太原郡"为秦庄襄王三年（公元前247年）。紧接着，晋阳发生叛乱，《史记·秦始皇本纪》：晋阳反，元年，将军蒙骜击定之。发生在公元前246年。所以《史记·赵世家》：二十年，秦王政初立。秦拔我晋阳。这表示最终晋阳归秦是在公元前246年。

另《资治通鉴》记有更早的秦之"晋阳"：昭襄王四年（公元前303年）

---

[14] （汉）司马迁：《史记·魏世家》，北京：中华书局，1982年，第1855页。一说"汾水"，见《史记·赵世家》，第1795页。

[15] （宋）司马光编著，胡三省音注：《资治通鉴》，北京：中华书局，1956年，第2页。"周威烈王二十三年，初命晋大夫魏斯、赵籍、韩虔为诸侯"。

秦取魏蒲阪、晋阳、封陵，又取韩武遂。

此"晋阳"是《资治通鉴》依据《六国表》误记，而《史记·魏世家》记载为"阳晋"则是正确的，阳晋在晋南，不是太原。

从历史记载看，晋阳从公元前500年左右，至公元前246年，为赵氏（国）所经略，共约250年，此后至刘邦建汉，为秦国（代）所属，共约40年。

秦文化的文化遗存在晋阳平板玻璃厂墓葬偶有发现，晋阳城以南的汾阳市郊也有新发现，这些秦文化遗存的发现，确证了秦对太原地区的实际控制。

从战国晚期至西汉初期的晋阳，王子今总结六个与此相关重要的历史环节：赵山北之地的重心；秦王政即位初晋阳反，太原郡为寿国，高皇帝居晋阳，代王都晋阳，汉文帝复晋阳。其中前三个均发生在汉以前。入汉以后，刘邦居晋阳，在居晋阳前，晋阳曾被匈奴占领。

《汉书·高帝纪》记：以太原郡三十一县为韩国，徙韩王信都晋阳。

后来韩王信"以马邑降胡，击太原"。公元前196年，刘恒封为代王。

《史记·高祖本纪》记：（十一年）分赵山北，立子恒以为代王，都晋阳。

这是刘邦为了减轻代所受北方少数民族的压力进行的区划调整[16]，改变了原来代国之都直接在匈奴的眼皮下的局面。刘恒封代王，都晋阳后，晋阳发挥了战略区块优势，社会安定，经济得到长足发展。之后，刘恒继位做了皇帝，开创了文景之治。因此，晋阳对于刘恒来说有至关重要的意义。

刘恒次子刘武、三子刘参都相继封为代王。《汉书·文帝纪》因立皇子武为代王（前178年继位），参为太原王，揖为梁王。《汉书·文二三王传》亦记：代孝王参初立为太原王。四年，代王武徙为淮阳王，而参徙为代王，复并得太原，都晋阳如故。

代孝王刘参于公元前177年至前162年在位，代恭王刘登于公元前161年至前133年在位，代恭王之子刘义于公元前132年至前115年在位。

自刘恒经营晋阳以来，经济繁荣。《汉书·食货志》：宜桑三辅、弘农、河东、上党、太原郡谷，足供京师，可以省关东漕卒过半。

《汉书·地理志》记：太原郡，秦置。有盐官，在晋阳。属并州。户十六万九千八百六十三，口六十万四百八十八。

说明当时居民人数也是非常大的。

《汉书·诸侯王表第二》：二月乙卯，（刘参）立为太原王，三年更为代王，七年薨。孝文后三年，恭王登嗣，二十九年薨。元光三年，刚王义嗣，十九年，元鼎三年，徙清河，三十八年薨。

从公元前196年代王刘恒管理晋阳至公元前114年刘义徙为清河王，前后达80余年。

汉武帝以后，太原经济有所凋敝。《后汉书·郡国志五》太原郡：十六

[16] 王子今：《公元前3世纪至公元前2世纪晋阳城市史料考译》，《晋阳学刊》2010年第1期，第19页。

城，户三万九百二，口二十万一百二十四。

人口与六十万相比，少去很多，除去郡县调整因素外，绝对人口数字减少也是事实。但是即便如此，相比于周围郡还是超出很多，如上党郡人口"口十二万七千四百三；西河郡：口二万八百三十八；上郡：口二万八千五百九十九"。

人口减少和战争有密切关系。两汉之际和东汉以来，晋阳多有外敌来侵。

一是《后汉书·光武帝纪》记：二十五年春正月，辽东徼外貊人寇右北平、渔阳、上谷、太原，辽东太守祭肜招降之。《后汉书·东夷列传》也记：二十五年春，句骊寇右北平、渔阳、上谷、太原，而辽东太守祭肜以恩信招之，皆复款塞。

二是《后汉书·安帝纪》：十一月，鲜卑寇太原。

《后汉书·灵帝纪》：（建宁二年）鲜卑寇并州；（建宁四年）冬，鲜卑寇并州；（熹平元年）鲜卑寇并州；（熹平二年）鲜卑寇幽并二州；（熹平三年）鲜卑又寇并州。

鲜卑攻太原最早记载于公元122年。

《后汉书·乌桓鲜卑列传》：延光元年冬，复寇雁门、定襄，遂攻太原，掠杀百姓。

《三国志·魏书·乌丸鲜卑东夷传》：数犯塞寇边，幽并苦之。

同时，灾害也很严重。《后汉书·顺帝纪》：是日，京师及太原、雁门地震，三郡水涌土裂。

有时候，出现狼吃人情况。《后汉书·五行志》：灵帝建宁中，群狼数十头入晋阳南城门啮人。

百姓民不聊生，社会经济受到重创。同时也促使政府加强治理。一些重要人物先后经营这里。

《后汉书·杜茂传》：七年（31年），诏茂引兵北屯兵晋阳、广武。

《后汉书·宗室四王三侯列传》：建武二年，立长子章为太原王。

《后汉书·冯衍传》：永既素重衍，为且受使得自置偏裨，乃以衍为立汉将军，领狼孟长，屯太原。

同时，兴修水利，促进农业发展。

《后汉书·孝安帝纪》：辛酉，诏三辅、河内、河东、上党、赵国、太原各修理旧渠，通利水道，以溉公私田畴。……三年春正月甲戌，修理太原旧沟渠，溉灌官私田。

另外还"徙雁门吏人于太原"。

《后汉书·光武帝纪》：九年春正月……徙雁门吏人于太原。

到汉末，社会动荡愈甚。《后汉书·灵帝纪》：（中平五年）休屠各胡攻杀并州刺史张懿。（中平六年）并州牧董卓杀执金吾丁原。黄巾余贼郭太等起于西河白波谷，寇太原、河东。（建安十一年）三月，曹操破高干于并州，获之。

两汉四百年，晋阳虽历经数次政权更迭，但依托于自身优越的地理位置，城市建设和政治、经济、文化建设方面都得到了长足的发展。在晋阳古城考古发掘中发现了不少汉代遗迹，主要有水井、房址与灰坑，同时出土了大量的建筑构件。如不同类型的板瓦、筒瓦、瓦当、陶楼模型、花纹砖等。它们的制作工艺都极具时代特色，是我们研究汉代建筑历史的重要实物资料。

城市之外的发现以东太堡墓葬的发现最为重要。2014年，在西太堡街改造工程路基施工中（即在M1、M2之间）发现井形遗存。遗存直径1.03米，深37.8米。出土大量汉代板瓦、筒瓦和少量云纹和"宫"字款瓦当。其后通过对附近的考古勘探，发现有两座大型的中字形墓葬，并立排列，大小相当，东西均为斜坡形墓道，长方形墓室。其中北侧墓葬为M1，M1墓室南北34米、东西38米，东墓道长约80.5米，西墓道残长约39米。南侧墓葬为M2，M2墓室39米见方，东墓道长约72米，西墓道残长21米（图一〇）。墓葬的主人，最有可能是代王刘参夫妇。

早在1961年5月，在距离太原东山古墓西500米的东太堡砖厂取土施工中，出土文物铜鼎、铜镜、玉璧等10余件。同年8月同一地点又出土钟、鼎、鉴、盆、剑、博山炉、马蹄金等40余件文物和重达42斤的半两铜钱。发现刻铭为"清河太后"铜器。还在两座大墓之东200余米发现了恒大悦龙台M6，墓葬时代为西汉中期偏早。该墓葬出土北方汉墓极其少见的简牍。在陵园的考古工作中，还发现了一处筒板瓦顶、以柱间隔的围墙建筑，使我们清晰地看到西汉时期墙上的排瓦方式（图一一）。

东周两汉的建筑构件发现最多的是瓦和砖。东周与西汉早期板瓦，均为手制，瓦体薄，凸面绳纹，凹面凹凸不平，有的素面，有的饰戳点纹或方格纹，大多戳点纹被抹平。板瓦绳纹的样式有粗细之分，瓦头绳纹有竖向拍后又斜向拍印，有单一斜向拍印，有竖向绳纹被横向抹平，有单一菱形网格纹瓦头等多种样式。三型板瓦均为模制板瓦，凹面以布纹较多，也有菱形网格纹和方格纹。切割的方式皆是内切。根据过去的研究，西汉的板瓦绳纹粗，也比较疏朗，而东汉的瓦绳纹比较细，绳纹之间比较紧密。纵向排印模痕明显。

素面半瓦当与卷云纹半瓦当出土数量不多，时代为东周，而出土较多的云纹瓦当与汉长安城未央宫、汉魏洛阳城瓦当形制、纹饰和做法都非常相似。

有几何纹饰的方砖和动物纹的方砖较为多见，砖较薄，浅灰色，还有发现的菱形纹空心砖等。另外陶楼的发现值得重视，尽管是明器模型，但是更真实反映了建筑的某些细节，比如斗栱的使用、屋面的排瓦方式、檐部的支撑等。

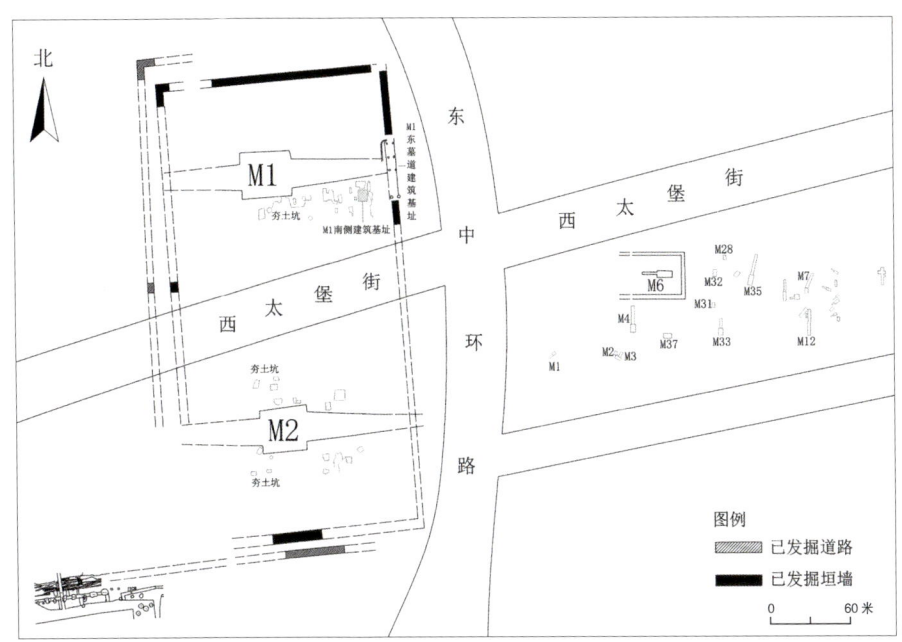

图一〇 东山古墓陵园及墓葬分布图

图一一 陵园围墙倒塌堆积

二、魏晋十六国时期

从建安元年（公元196年），曹操"挟天子以令诸侯"始，到北魏太武帝太延五年（公元439年）灭北凉统一北方，十六国时期结束，魏晋十六国共200余年。晋阳城的这200多年，可谓波澜壮阔。

西晋时期和晋阳城相关的史料记载，以刘琨在晋阳活动的事迹为详。刘琨经营晋阳多年，《晋书·孝愍帝纪》记：（永嘉元年）三月……并州诸郡为刘元海所陷，刺史刘琨独保晋阳。（永嘉五年）十一月，猗卢寇太原，平北将军刘琨不能制，徙五县百姓于新兴，以其地居之。（永嘉六年）春正月，帝在平阳。刘聪寇太原。秋七月，岁星、荧惑、太白聚于牛斗。石勒寇冀州。

刘粲寇晋阳,平北将军刘琨遣部将郝诜帅众御粲,诜败绩,死之,太原太守高乔以晋阳降粲。

《晋书·刘琨传》记载更为详细:(永嘉元年)为并州刺史,加振威将军,领匈奴中郎将……琨募得千余人,转斗至晋阳。府寺焚毁,僵尸蔽地,其有存者,饥羸无复人色,荆棘成林,豺狼满道。琨翦除荆棘,收葬枯骸,造府朝,建市狱。寇盗互来掩袭,恒以城门为战场,百姓负楯以耕,属鞬而耨。琨抚循劳徕,甚得物情。

《刘琨传》记载了晋阳被严重毁弃的状况和刘琨披荆斩棘重修晋阳城的业绩。在这一时期,我们发现的很多板瓦和筒瓦时代比较接近,也许它们和刘琨在晋阳的活动有关。

十六国时期,氐族人建立前秦,他们尤为重视晋阳的军事战略地位。

《晋书·苻坚载记》:(太和五年)杨安攻晋阳……王腾为鹰扬将军、并州刺史,领护匈奴中郎将,镇晋阳。骠骑张蚝、并州刺史王腾迎之,入据晋阳,始知坚死问,举哀于晋阳,三军缟素。王永留苻冲守壶关,率骑一万会丕,劝称尊号,丕从之,乃以太元十年僭即皇帝位于晋阳南。立坚行庙,大赦境内,改元曰太安。

《晋书·简文帝纪》亦记:(太元十年)九月,吕光据孤臧,自称凉州刺史。苻丕僭即皇帝位于晋阳。

这是晋阳城市史上最重要的事件,苻丕成为历史上第一个即皇帝位于晋阳的皇帝。

随后,后燕成武帝慕容垂于建兴八年(公元393年)遣慕容瓒攻晋阳,慕容氏也经营晋阳多年。《晋书·慕容垂载记》记:乃发步骑七万,遣其丹杨王慕容瓒、龙骧张崇攻永弟支于晋阳……慕容瓒攻克晋阳。

魏晋十六国时期的文化层是我们考古辨识地层中的第7文化层,该层出土的器物延续时间较长,可能从西晋直至5世纪初。遗迹的发现主要集中在三号建筑基址。遗迹主要有窖穴、灰坑和墓葬三种类型。建筑构件以砖、板瓦、筒瓦、瓦当、大型石构件等为主。砖仅见长方形砖。砖开始有了绳纹,但绳纹较细,整体在一个平面上,还有的绳纹是横向的。出土瓦类较多,组合形式是斜向断续篮纹板瓦及阳文的文字瓦与成组状细绳纹整齐排列的筒瓦及板瓦,这类篮纹面、布纹里的板瓦,年代主要应该为魏晋十六国,同汉魏洛阳故城灵台遗址一样[17]。绳纹瓦自汉至魏晋时期都在使用,但形制纹饰有所变化。这个时期的绳纹板瓦与绳纹筒瓦都有成组状绳纹,比较规矩,成组压印,筒瓦组间稍宽,板瓦比较紧密。

近年来,先后在太原市晋源区太原化学工业集团有限公司、尖草坪区太钢集团宿舍、迎泽区郦苑国际小区、山西大学东山新校区等处发现多座魏晋墓葬,有很多墓葬都是砖结构多室墓,墓室底部多之字形铺底方砖,甬道底

[17] 中国社会科学院考古研究所:《汉魏洛阳故城南郊礼制建筑遗址——1962~1992年考古发掘报告》,北京:文物出版社,2012年,第79页。

部则为条状错缝平铺。墓室下部顺砖错缝平砌，上部三顺砖错缝平砌与一列立砖竖摆交替砌筑向上叠涩。

三、北朝至隋时期

北魏平城时期是对晋阳来说是相对稳定的时期，从北魏道武帝拓跋珪天兴元年（公元398年）迁都至平城，至太和十八年（公元494年）北魏孝文帝迁都洛阳，共达97年之久，晋阳城市从皇始元年（公元396年）开始一直比较稳定，没有经历大的战乱。同时也没有较大规模的城市建设见于记载。

北魏王朝对晋阳的地位尤为重视，从拓跋珪建国（公元386年）至太延五年（公元439年）魏灭北凉后统一北方的50余年，拓跋氏尤为关注晋阳。

《魏书·太祖道武帝纪》记：（皇始元年）秋七月……九月戊午，次阳曲，乘西山，临观晋阳，命诸将引骑围胁，已而罢还。宝并州牧辽西王农大惧，将妻子弃城夜出，东遁，并州平。（天兴五年）……十有一月，车驾次晋阳。

《魏书·太宗明元帝纪》：（泰常八年）夏四月……辛酉，帝还至晋阳。

北魏迁都洛阳以后，晋阳的政治地位逐渐凸显。北魏孝文帝曾亲临太原。

《魏书·高祖孝文帝纪》记：（太和二十有一年）二月壬戌，次于太原。

尤其进入6世纪，这里先后成为尔朱氏、高氏重要的政治中心。《魏书·敬宗孝庄帝纪》：（武泰元年）五月丁巳朔……辛酉，大将军尔朱荣还晋阳，帝饯于邙阴。（永安三年）十有二月……甲寅，尔朱兆迁帝于晋阳。甲子，崩于城内三级佛寺，时年二十四。

从永熙元年（公元532年）开始，高欢及高洋等高氏集团对晋阳城市建设做出重要贡献，使晋阳城市地位成为与都城邺城相并论的"霸府别都"。

《魏书·孝武出帝纪》：（中兴二年）秋七月……己酉……齐献武王次于武乡，尔朱兆大掠晋阳，北走秀容。并州平。

《魏书·孝静帝纪》：（永熙二年）春正月庚寅朔，朝飨群臣于太极前殿。甲午，齐献武王自晋阳出讨尔朱兆。

据不完全统计，高氏父子以晋阳为中心进行的政治活动，一年可达数次[18]。

东魏北齐时期。晋阳重要等宫殿寺庙都在史书中提及。《北齐书》中，以晋阳宫记载最多。东魏时期，高欢在晋阳建"大丞相府"[19]。

《北齐书·神武纪》：尔朱兆大掠晋阳，北保秀容。并州平。神武以晋阳四塞，乃建大丞相府而定居焉。

"大丞相府"是高欢在晋阳营建的最高等级的建筑，是"晋阳宫"的前身。到东魏武定年间，文献中第一次出现了"晋阳宫"的宫名。《魏书·孝静帝纪》武定三年（公元545年）：献武王请于并州置晋阳宫，以处配没之口[20]。从上知"晋阳宫"修建不晚于545年。如果再向前推，永熙元年（公元532年）记载"神武以晋阳四塞，乃建大丞相府而定居焉"。至少可以说

[18]（唐）李百药：《北齐书·文宣帝纪》，北京：中华书局，1972年，第60、61页。以文宣帝天保六年（公元555年）为例，《北齐书·文宣帝纪》记：天保六年三月丙戌，……夏四月庚申，帝如晋阳。同年五月乙酉，镇城李仲侃击斩之。庚寅，帝至自晋阳。同年秋七月乙卯，……壬辰，帝还晋阳。同年九月乙卯，帝至自晋阳。同年冬十月，……辛亥，帝如晋阳。

[19]（唐）李百药：《北齐书·神武纪》，北京：中华书局，1972年，第9页。

[20]（北齐）魏收：《魏书·孝静帝纪》，北京：中华书局，1974年，第308页。

532年，高欢对晋阳开始重点建设。另外，我们在二号建筑基址下发现的"兴和二年"空心砖也可说明晋阳宫形成早于545年。

"晋阳宫"竣工以后作为晋阳最主要的宫殿在北齐政治生活中占有重要的地位，是北齐皇帝主要的政治活动场所。其规模较大，是一处多个宫殿组成的宫殿群。北齐天保十年（公元559年），高洋暴崩于晋阳宫德阳堂，入殓仪式在宣德殿举行[21]。

《北齐书·文宣帝纪》记：（天保十年）九月己巳，帝如晋阳……同年冬十月甲午，帝暴崩于晋阳宫德阳堂，时年三十一。

其后，废帝高殷即位于晋阳宣德殿[22]。

《北齐书·废帝纪》记：（天保十年）十月，文宣崩。癸卯，太子即帝位于晋阳宣德殿，大赦。

皇建元年（公元560年），孝昭帝高演即位于晋阳宣德殿[23]。次年，孝昭帝崩，在崇德殿发丧。

《北齐书·武成帝纪》记：皇建初，进位右丞相。孝昭幸晋阳，帝以懿亲居守邺，政事咸见委托。二年，孝昭崩，遗诏征帝入统大位。及晋阳宫，发丧于崇德殿。

天统元年（公元565年），后主高纬即位于晋阳宫[24]。

《北齐书·后主纪》：（天统元年）夏四月丙子，皇帝即位于晋阳宫，大赦，改河清四年为天统。

"德阳堂"、"宣德殿"、"崇德殿"都在晋阳宫内，从以上记载看这是比较明确的。宣德殿应该是皇帝重要礼制行政用途，而"德阳堂"记录皇帝"崩"之事，说明这是起居之处。"崇德殿"记录"发丧"之事，应说明是礼仪之所，分类的细化，亦可说明，晋阳宫规模宏大和功能齐备，与都城内宫城区划基本相同。

《北齐书·后主纪》中还记录了晋阳城的繁华景象：又于晋阳起十二院，壮丽逾于邺下。所爱不恒，数毁而又复。夜则以火照作，寒则以汤为泥，百工困穷，无时休息。凿晋阳西山为大佛像，一夜燃油万盆，光照宫内。

这十二院，应是十二个院子，不应在晋阳宫内。此外，还修建有"大明宫"。

《北齐书·冯子琮传》[25]：天统元年，世祖禅位后主。世祖御正殿，谓子琮曰："少君左右宜得正人，以卿心存正直，今以后事相委。"除给事黄门侍郎，领主衣都统。世祖在晋阳，既居旧殿，少弟未有别所，诏子琮监造大明宫。宫成，世祖亲自巡幸，怪其不甚宏丽。

也就是说，天统元年（公元565年），武成帝高湛禅位于后主高纬，高纬令冯子琮营建大明宫。两年后，天统三年（公元567年）十一月，大明宫落成[26]。尽管建成很快，但比不上晋阳宫雄伟壮丽。

隋代，晋阳宫再次修建。隋开皇十六年（公元596年）先在晋阳宫西侧筑仓城[27]。接着，隋炀帝重修晋阳宫[28]。

[21]（唐）李百药：《北齐书·文宣纪》，北京：中华书局，1972年，第67页。

[22]（唐）李百药：《北齐书·废帝纪》，北京：中华书局，1972年，第74页。

[23]（唐）李百药：《北齐书·孝昭纪》，北京：中华书局，1972年，第81页。

[24]（唐）李百药：《北齐书·武成帝记》，北京：中华书局，1972年，第89页。

[25]（唐）李百药：《北齐书·冯子琮传》，北京：中华书局，1972年，第528页。

[26]（唐）李百药：《北齐书·后主纪》，北京：中华书局，1972年，第100页。

[27]（唐）李吉甫：《元和郡县图志》，北京：中华书局，1983年，第365页。

[28]（唐）魏征等：《隋书·炀帝纪》，北京：中华书局，1973年，第70页。

《隋书·炀帝本纪》记：（大业三年）秋八月壬寅，诏营晋阳宫。

大明宫，后来称为"大明城"，是北齐、隋、唐时期晋阳城市布局中的一部分，是一个非常重要的宫城。但是，从这条史料看，大明宫修建得"不甚宏丽"，其建筑年代也比较晚。

隋末，记载在太原起兵的李渊及其追随者等人的很多事迹都提及"晋阳宫"。

《大唐创业起居注》记：（大业）十三年岁在丁亥，正月丙子夜，晋阳宫西北有光夜明，自地属天，若大烧火。飞焰炎赫，正当城西龙山上，直指西南，极望竟天[29]。夏五月癸亥夜，帝（李渊）遣长孙顺德、赵文恪等率兴国寺所集兵五百人，总取秦王部分，伏于晋阳宫城东门之左以自备……然突厥多，帝（李渊）登宫城东南楼望之，且及日中，骑尘不止[30]。丁酉，帝（李渊）引康鞘利等礼见于晋阳宫东门之侧舍，受始毕所送书信[31]。

唐代，正史中都有记唐太宗、高宗和玄宗到过晋阳宫之事[32]。唐玄宗李隆基有《过晋阳宫》诗[33]，耿湋《题童子寺》诗中也提到晋阳宫[34]。五代十国时期，晋阳宫仍然有重要的地位。

《旧五代史》记李存勖生于晋阳宫中[35]：庄宗光圣神闵孝皇帝，讳存勖，武皇帝之长子也。母曰贞简皇后曹氏，以唐光启元年岁在乙巳，冬十月二十二日癸亥，生帝于晋阳宫。

另外，晋阳宫也是李存勖最重要的议事之地[36]：（天祐八年三月）乙未，帝至晋阳宫，召监军张承业诸将等议幽州之事，乃遣牙将戴汉超赍墨制并六镇书，推刘守光为尚书令、尚父，守光由是凶炽日甚，遂邀六镇奉册。

由以上史料看，晋阳宫自东魏至五代一直是晋阳城最核心的建筑，也是历代统治者最重要的办理政务及生活场所。

对于晋阳宫沿革和位置记载以《元和郡县图志》所记最详[37]：城中又有三城，其一曰大明城，即古晋阳城也，《左传》言董安于所筑……高齐后帝于此置大明宫，因名大明城。姚最《序行记》曰"晋阳宫西南有小城，内有殿，号大明宫"，即此也。城高四丈，周回四里。又一城，南面因大明城，西面连仓城，北面因州城，东魏孝静帝于此置晋阳宫，隋文帝更名新城，炀帝更置晋阳宫，城高四丈，周回七里。又一城，东面连新城，西面北面因州城，开皇十六年筑，今名仓城，高四丈，周回八里。

这是关于晋阳城最详细的记载，说明了晋阳城州城内的三个小城布局，仓城最大位于西，其次为晋阳宫城，最小为大明城，面积约为仓城四分之一，晋阳宫城三分之一。

文献中提到的姚最，仕于北朝晚期[38]，他对晋阳城的记述可信度较大。成书于宋初的《太平寰宇记·河东道一》与《元和郡县图志》所记完全相

[29]（唐）温大雅、韩昱撰，仇鹿鸣笺证：《大唐创业起居注笺证（附壶关录）》，北京：中华书局，2022年，第20、21页。

[30]（唐）温大雅、韩昱撰，仇鹿鸣笺证：《大唐创业起居注笺证（附壶关录）》，北京：中华书局，2022年，第34、35页。

[31]（唐）温大雅、韩昱撰，仇鹿鸣笺证：《大唐创业起居注笺证（附壶关录）》，北京：中华书局，2022年，第58页。

[32] 介永强：《唐代行宫考逸》，《中国历史地理论丛》2001年第2期，第78页。

[33]（唐）李隆基：《过晋阳宫》，《全唐诗》，北京：中华书局，1960年，第26页。

[34]（唐）耿湋：《题童子寺》，《全唐诗》，北京：中华书局，1960年，第2974页。

[35]（宋）薛居正等：《旧五代史·庄宗纪》，北京：中华书局，1976年，第365页。

[36]（宋）薛居正等：《旧五代史·庄宗纪》，北京：中华书局，1976年，第375页。

[37]（唐）李吉甫：《元和郡县图志》，北京：中华书局，1983年，第365页。

[38] 陈祎玮：《姚最生卒与〈续画品〉成书年代考》，《中国书画》2020年第12期，第12页。

同[39]。随后的《新唐书·地理志》[40]也记载了晋阳城的布局，记晋阳宫位置、周长与《元和郡县图志》一致，唯有高度稍有差异。

《新唐书·地理志》记：晋阳宫在都之西北，宫城周二千五百二十步，崇四丈八尺。

这里记载关于晋阳宫的尺度与《元和郡县图志》所使用的单位不同，但是按照唐代360步为一里换算下来，结果是相同的。

北宋灭北汉后，晋阳城被毁弃。明清及以后的地方志中偶见关于"晋阳宫"的史料。

明嘉靖《太原县志》[41]：晋阳宫，在古城内，魏静帝所置，北齐于此置大明宫。宫内建宣光、建始、嘉福、仁寿、宣德、崇德、大明七殿，德阳、万寿二堂，玄武楼。今俱废。遗址微存。宫东有起义堂，唐建，亦废。

明天启《太原县志》[42]记载与上同。到清雍正时，清雍正《太原县志》[43]记载更加简略：晋阳宫，在古城，魏静帝建置，今废。

综上，"晋阳宫"是晋阳城最主要的宫殿，始建于东魏，废弃于五代到宋初之间。其布局、位置与周长等信息，文献有记载，虽不是很详尽，但可以证明"晋阳宫"是在历史上真实存在的。

根据这些记载，我们初步判断，晋阳古城二、三号建筑基址的发掘区域大致位于宫城区，非常有可能在晋阳宫内。过去的考古在这个区域发现了重要的遗址，并出土了大量精美的遗物。2012年，在1号夯土墙以东区域发现了大型建筑基址[44]，出土有铭"大魏兴和二年造"和"大齐天保元年造"的空心砖，形制、纹饰基本相同，构件上装饰有翼的神兽、忍冬纹、穿璧龙纹等，制作精致，表面深灰发亮，这在晋阳城出土建筑构件中是最为精美的，判断是最高级别建筑的装饰构件。考古发现的5个编号的夯土墙与南北两段过去地表可见的城墙（"南墙"和"北墙"）能够围合成两个闭合的内城，一东一西，西面的内城之西墙借用历代晋阳城的城墙。西内城，周长接近八里，与文献记载的"仓城"周长相吻合。东内城周长七里余，也与文献记载的"晋阳宫城"周长相吻合。两内城之间共用一条南北向内城墙。另外，在东内城内发现的大量建筑构件和大型建筑基址，能够说明这是历代晋阳城修建者选址最优先选择的区域。另外，根据文献记载以及蒙山"西山大佛"、龙山童子寺大佛修建的史料，从可视域分析，能够得知"晋阳宫城"的位置是观测西山重要寺庙最佳的位置，两佛寺的选址都是围绕"晋阳宫城"精心规划的，在视廊景观上有特殊意义。因此，晋阳城的城市规划与西山宗教建筑规划建设有密切的联系，从更长的时间段和更广阔的空间看，这一联系有深层次的意义。

这个时期，在城市以外，修建了规模宏大的蒙山西山大佛及大佛阁、龙山大佛及佛阁、童子寺，开凿了天龙山石窟及附近很多石窟寺。有些建筑的体量很大，耗费时间长，延续了数百年。而这些佛教寺院等建筑带来的社会

[39]（宋）乐史：《太平寰宇记》，北京：中华书局，2007年，第845、846页。

[40]（宋）欧阳修、宋祁：《新唐书》，北京：中华书局，1975年，第1003页。

[41] 太原市地方志编纂委员会：《太原古县志集全》，太原：三晋出版社，2012年，第677页。

[42] 太原市地方志编纂委员会：《太原古县志集全》，太原：三晋出版社，2012年，第777页。

[43] 太原市地方志编纂委员会：《太原古县志集全》，太原：三晋出版社，2012年，第916页。

[44] 晋阳古城考古队：《晋阳古城遗址2012年试掘简报》，《文物世界》2014年第5期，第28页。

影响一直持续到现在。以上寺庙建筑有很多建筑构件保存下来，这些建筑构件因其与建筑本体清晰的关系而尤显价值，如天龙山北齐第1窟、第16窟窟檐出现的"一斗三升"与人字栱，成为认识那个时代建筑的珍贵标本。龙山童子寺遗址现存的燃灯塔，饱经千年风蚀，依然是石雕精品。

太原及周边地区发现的北魏辛祥夫妇墓、北齐武功王韩祖念墓、东安王娄睿墓、武安王徐显秀墓、大将军斛律彻墓等，墓主人均地位显赫，建筑的结构与墓葬建筑的技法，都是了解当时贵族所属工匠建筑技艺的重要资料。

北朝墓葬甬道前或甬道后方会绘有建筑门画，比较清晰的如九原岗出土的北朝墓葬门屋图。另外祁县白圭韩裔墓，甬道口砌筑城门屋，两伏两券之上是"一斗三升"和人字栱，上有椽与飞子，再上为筒瓦屋面，屋脊为鸱尾。徐显秀墓的过洞顶部绘有门楼，因破坏严重，形制不是很清楚。

1973年发掘的寿阳厍狄回洛墓，尽管离晋阳城稍远，但是也能算作与晋阳有关重要贵族的墓葬。墓葬中的板门、门簪、立颊等都是很好的研究北朝建筑史的材料。出土的八边形柱，与天龙山石窟相同。尤为重要的是出土木椁的木构件，这是最早、最完整的木构建筑材料。综合这些木构建筑构件，可知这是一个三间的带有勾栏的小型房屋式木椁。

2018年，山西大学新校区（小店区老峰村与南坪头村之间）建设发现的M22北齐墓葬，出土比较完整的木构椁室，椁室可见筒瓦、板瓦及瓦钉的使用方式，以及更多的关于此时期的建筑结构细节，相比较过去发现的寿阳厍狄回洛墓木构建筑，结构更加清晰。另外，虞弘墓的石椁也是这一时期相当有代表性的石构墓内椁室建筑。建筑的总体形制是内地风格，但建筑浮雕内容却具有浓郁的中亚文化风格。这是少见的将两种文化融合到同一建筑上的实例，是当时石匠慧心巧思之作，堪称艺术经典。

北朝时期，奠基盛唐制度、文化的繁荣，这是共识。晋阳以其特殊的位置与地位，沟通了南北方民族，联系了西方文化，由此看，公元617年，以李渊为首的关陇集团在晋阳起兵，后迅速攻克长安。选择晋阳起兵，能够成功，应是基于晋阳在北朝时期所积淀的深厚的政治、经济以及历史文化资源。

四、唐五代时期

公元616年，李渊被任命为太原道安抚大使，后出任太原留守。晋阳县令刘文静与晋阳宫副监裴寂劝言李渊：易称"知几其神乎"，今大乱已作，公处嫌疑之地，当不赏之功，何以图全？其裨将败衄，以罪见归。事诚迫矣，当须为计。晋阳之地，士马精强，宫监之中，府库盈积，以兹举事，可立大功。关中天府，代王冲幼，权豪并起，未有适从。愿公兴兵西入，以图大事。何乃受单使之囚乎[45]？

[45]（后晋）刘昫等：《旧唐书》，北京：中华书局，1975年，第2291页。

隋末，晋阳军备物资非常充盈，北齐至隋，晋阳经济社会经历了较快的发展，为李渊起兵提供了保障。机会到来，李渊正式起兵反隋。

唐朝建立后，尤为重视并州的管理与建设。太宗、高宗都巡查并州。李治还曾遥领大都督，任李勣为并州大都督府长史。李勣"在州十六年，令行禁止，民夷怀服"[46]。李勣为并州都督，筑东城；引晋水，架汾入之，以甘民食。太宗曰：我用勣守并州，贤于长城远矣[47]。李勣对于晋阳城的建设使唐代晋阳城格局较以往发生了很大的变化。

武则天时期，尤为重视晋阳城，任崔神庆为并州长史，令以太原为北都，升太原、晋阳为京县。武则天给崔神庆说：并州，朕乡里，宿兵多，前长史皆尚书为之，今授卿，宜知所以委重者[48]。崔神庆作为并州长史，完成了晋阳城三城一体的格局。

神庆始至，有诏改钱币法，州县布下，俄而物价踊昂，百贾惊扰，神庆质其非于朝，果豪猾妄为之。后喜，下制褒美。初，州隔汾为东、西二城，神庆跨水联堞，合而一之，省防御兵岁数千[49]。

唐玄宗两次巡幸太原，改并州为太原府。晋阳城地位凸显。城市规模达到巅峰。形成一座跨水联堞，三城一体，周四十二里，东西十二里，南北八里的大都城。

天保年间，安史之乱，社会动荡，晋阳城不可避免会受到影响。

《资治通鉴》[50]记：史思明自博陵，蔡希德自太行，高秀岩自大同，牛廷介自范阳，引兵共十万，寇太原。李光弼麾下精兵皆赴朔方，余团练乌合之众不满万人。思明以为太原指掌可取，既得之，当遂长驱取朔方、河、陇。太原诸将皆惧，议修城以待之，光弼曰："太原城周四十里，贼垂至而兴役，是未见敌先自困也。"

李光弼凭借晋阳城，抵挡史思明长时间的围攻。说明的晋阳城依然险固，不可轻易攻破。

到784年时，晋阳的城市布局有所变化，变化主要在东城。

《旧唐书·马燧马炫传》[51]：（建中）四年十月……燧以晋阳王业所起，度都城东面平易受敌，时天下骚动，北边数有警急，乃引晋水架汾而注城之东，潴以为池，寇至可省守陴者万人；又决汾水环城，多为池沼，树柳以固堤。

马燧，西引晋水，架汾而东潴为池。以沼池形成东部防御的屏障。由此可知，晋阳城东城规模和地位实际情况并不是一个与西城相提并论的城。

唐文宗时期，社会稍有安定，佛教大为兴盛。日本僧人圆仁来到晋阳城[52]。

《入唐求法巡礼行记》：（唐文宗开成五年七月）十三日平明，发，行十五里，到太原府，属河东道。此则北京，去西京二千来里。北门入，到花严下寺住。见南天竺僧法达，从台山先在。自云："我是鸠摩罗什三藏第三代苗裔。"五台山大庄严寺僧下山来者，皆此寺下，故名花严下寺。彼供养主义圆头陀引到此寺。头陀自从台山为同行，一路已来，勾当粥饭茶，无所

[46]（宋）司马光编著，胡三省音注：《资治通鉴》，北京：中华书局，1956年，第6170页。

[47] 马蓉等点校：《永乐大典方志辑佚》，北京：中华书局，2004年，第324页。

[48]（宋）欧阳修、宋祁：《新唐书》，北京：中华书局，1975年，第4097页。

[49]（宋）欧阳修、宋祁：《新唐书》，北京：中华书局，1975年，第4097页。

[50]（宋）司马光编著，胡三省音注：《资治通鉴》，北京：中华书局，1956年，第7133页。

[51]（后晋）刘昫等：《旧唐书》，北京：中华书局，1975年，第3695、3696页。

[52]〔日〕圆仁著、白化文等校注：《入唐求法巡礼行记校注》，北京：中华书局，2019年，第348—356页。

[53] 杜斗城：《敦煌五台山文献校录研究》，太原：山西人民出版社，1991年，第170页。

[54] （宋）李焘：《续资治通鉴长编》，北京：中华书局，2004年，第219页。

[55] （宋）李焘：《续资治通鉴长编》，北京：中华书局，2004年，第451页。

阙少。（七月）十五日，赴四众寺主请，共头陀等到彼寺斋。斋后，入度脱寺巡礼盂兰盆会，及入州见龙泉。次入崇福寺，巡礼佛殿。阁下诸院，皆铺设张列，光彩映入，供陈珍妙。倾城人尽来巡礼，黄昏自憩。（七月）十六日，入开元寺，上阁观望。阁内有弥勒佛像，以铁铸造，上金色，佛身三丈余，坐宝座上。诸寺布设，各选其胜。（七月）十七日，赴节度同军将胡家请，共供主僧义圆到彼宅斋。诸寺盂兰盆会，十五日起首，十七日罢。（七月）廿二日，共头陀赴尼真如心宅斋，亦是同巡五台者也。（七月）廿三日，共头陀赴尼真如大业寺律大德院斋。（七月）廿六日……便同出城西门，向西行三四里，到石山，名为晋山。

圆仁的晋阳之旅，从北门进入，北门内有花严下寺、度脱寺，这两个寺都在州城之外。州城之内的寺院，圆仁提及有崇福寺、开元寺等。开元寺在后代文献没有记载，崇福寺一说在县南，及南郭城，一说在河东城[53]。从圆仁的记录看，在河东城可能性较大。

唐末，藩镇割据愈演愈烈，昭宗时，李克用封为晋王，治太原，占有山西中北部。其后李存勖等继续经营太原，晋阳城经历了长久的战乱，一直至北宋初年。

进入五代，动荡的形势，使晋阳城城内建筑更新较快，其建筑质量多不如从前。

在宋灭北汉的战争中，晋阳城损毁尤为严重。

《续资治通鉴长编》[54]记：（开宝二年）丙午，决晋祠水灌城……甲申，幸城北，引汾水入新堤，灌其城……闰五月戊申，水自延夏门瓮城入，穿外城两重注城中，城中大惊扰。

《续资治通鉴长编》[55]记：（太平兴国四年）五月四日，城东南隅坏，水入注夹城中。丙申，幸太原城北，御沙河门楼，遣使分部徙居民于新并州，尽焚其卢舍，民老幼趋城门不及，焚死者甚众。

与上述历史事件相对应的考古地层段是近些年我们考古发现的第4至6文化层。主要的发现有以下几项。

二号建筑基址群，是晋阳城内近年考古最重要的发现。从北朝至五代十国之北汉，共有五期遗存。叠压最下层为北朝晚期文化层，在2012年考古试掘时，发现有一个建筑基址，其下为一保存较为完整的窨穴，窨穴地板为木板，使用柏木。由于窨穴的布局没有搞清楚，未揭露全部面貌（图一二）。

二号建筑基址东侧发现有制瓷的作

图一二 二号建筑基址下窨穴遗存发掘现场

坊，这是迄今为止发现的山西最早的瓷窑。虽然仅仅三座，但是建造结构清晰，制瓷工具及烧造种类明确。瓷窑为马蹄形火膛的馒头窑，窑床虽已经破坏，但是能辨认出窑床与烟道的设置空间构成。火膛前底部没有常见的通风与燃料出入通道，怀疑是在与窑床相同高度设置，后来被破坏，无法辨识。火膛周壁有耐火砖逐层顺砌，靠近窑床部位层层向外叠砌，呈露龈造样式。耐火砖的尺寸较为统一，为34×20×10（厘米），这种

图一三　二号建筑基址不同时期遗存三维影像图

砖不见于建筑基址使用。除瓷窑址以外还有建筑遗址，建筑东侧有廊庑，廊庑两侧有排水设施。建筑构筑方式与三号建筑基址发现的修葺方式相同。

晚唐五代建筑基址共分为三个时期，最下一层建筑为东西有廊庑的近似四合院模式的院落，目前仅发现有两进，实际上不止两进，因为上面有较好的遗迹，没有进行发掘。庭院中间为面阔三间进深三间的带抱厦的建筑。这种建筑很少见，前面抱厦原当为一月台，月台上铺砖，月台废弃以后加盖抱厦。从现在南禅寺前檐柱看，也有改造抱厦的痕迹。由月台改建为带抱厦的建筑，可能唐代就有例子。中期建筑在早期建筑完全废弃掉重建。方形的平面布局，周边没有柱础石，中间却有一个较大的柱础石，推测是一座塔基，中间为塔心石。这样的方形砖塔，形制类似于大雁塔，在建筑史上有重要的价值。塔基之上为二号建筑基址最晚期的建筑（图一三）。

在晋阳城西城部分区域可见考古所揭示的晋阳被多次灌城的遗迹现象，不过主要的泥沙碎石带形成于宋灭北汉之后；但揭示的建筑被火烧毁的情况，则几乎发生在每一个已揭露的建筑基址上，说明晋阳古城内建筑毁弃的原因，更多还是因为火焚。

结合考古的收获，我们对晋阳城城圈及城门也有了一些新的认识，附记如下。

1. 西城墙及西门

关于城市布局的考古工作多是围绕西城墙展开的，西城墙做过多次解剖，其中南段是在发掘一号建筑基址时进行了解剖。这段城墙最早时代为汉晋，更早的不见，这与中段西城墙解剖结果不同。中段西城墙的位置，是过去认为水门的地方。后来我们做过一些考古工作。这个地方，洪武《太原县志》注：今城西晋水所入之道，尚名水窗门。考古发现，这个位置地下几乎都是水流冲击形成的碎石带，有些区域有少量人工的痕迹。向东区域是较大的碎石带，并一直延续到侨友化工厂东侧的现在被称为"老虎沟"的地方。"老

虎沟"，也叫老水沟，判断这条水沟应该是晋水入城的水道。由于位置在风峪沟的直接下泄位置，水盛时，冲毁城内城墙的设施不可避免。在西城墙失去防御功能后，风峪洪水自然会沿着这个水道冲毁西城。

在水门与一号建筑之间，现在明太原县城西城门向西的位置，推测有一西门，这个门可能就是"白虎门"[56]。

《入唐求法巡礼行记》，（七月）廿六，……便同出城西门，向西行三四里，到石山，名为晋山。这个"西门"可能指的是同一个门。由于此处为道路，未来得及发掘，没有考古证据。西门还有二门：西明门[57]，"河东节度使康传圭……闭城拒之，乱兵自西明门入，杀传圭"。此当为西门之一；延西门，洪武《太原志》注云"钱坊在其外"。此当为西门之一，可能在正西门之北。承明门[58]，洪武《太原志》注云"旧坊在其内"。此门与后魏洛阳西门之名相似，应是西城之门。

西城墙被七三公路切断，这个位置以北地势下降，是否有门？门在何处？均不可考。读谢元璐、张颔早期调查资料，也没有发现城门址的迹象。过去在配合大运高速公路建设时，在现风峪河北侧加油站附近发现一段向东延伸的城墙，这段墙的考古资料未公布。2014年，在这段墙向北的30米位置发现一段不晚于魏晋时期的城墙拐角，通过考古勘探，城墙向东延伸，长度不知。后来晋阳古城保护规划公布后，晋源区又有经济建设，考古队在原来东延的位置发掘后发现北城墙并没有连续向东。由此判断西城墙北段并不是直线，很有可能是根据地形及西山季节河的走向而设计为曲折形状。

2. 北城墙及北门

北城墙有两道。宋太祖用水淹城，是先进入延夏门，再透过双重墙体进入城内，后来被草堵住，淹城未能成功。这双层城墙还是起了良好作用的。城外有瓮城，如延夏门瓮城，有壕堑。杨业曾从堑中攀绳而上[59]。

《续资治通鉴长编》：丙申，幸太原城北，御沙河门楼，遣使分部徙居民于新并州，尽焚其庐舍，民老幼趋城门不及，焚死者甚众。

城北门之外是沙河。若北宋沙河和现在的沙河是同一河，此处沙河门楼正是郭城北门楼。

延夏门。李裕民认为：洪武《太原志》注云"焦山在其东北"，此当在北门之东。开宝二年，"太原围急，郭无为谋出奔，因请自将兵夜击王师，北汉主信之，选精甲千人，命刘继业、郭守斌为之副，北汉主登延夏门自送之，且伺其反。是夕，初甚晴雾，已而风雨晦冥，无为行至北桥，因驻马召诸将，而刘继业以马伤足，先收所部兵入城矣。守斌迷失道，呼之不获，无为不能独前，乃与麾下数千人亦还。"出延夏门，便是北桥，北桥即北汾河桥，延夏门必为北门无疑。宋太祖在城北筑堤灌水，水首先穿过延夏门入城，也可证其必为紧靠汾水的北城门[60]。

---

[56] 马蓉等点校：《永乐大典方志辑佚》，北京：中华书局，2004年，第284页。

[57] （宋）司马光编著，胡三省音注：《资治通鉴》，北京：中华书局，1956年，第8220页。

[58] 李裕民：《论太原的城防设施及其战略地位》，《中国古都研究（二十辑）》，太原：山西人民出版社，2005年，第27页。

[59] 李裕民：《论太原的城防设施及其战略地位》，《中国古都研究（二十辑）》，太原：山西人民出版社，2005年，第27页。

[60] 李裕民：《论太原的城防设施及其战略地位》，《中国古都研究（二十辑）》，太原：山西人民出版社，2005年，第27页。

现七三公路以北至沙河，没有深入考古工作，但这个区域应不在州城内，处于州城至郭城之间。若引汾水灌城，水穿延夏门，门的位置从现在地势看，当为北门东之门，沙河门楼之东的一个门。

3. 东城墙及东门

五龙门。《北史》记：周师至晋阳，后主夜出五龙门奔邺。《北史》还记：周武帝伐齐，入晋阳，兵败，夜走出东门。东门在唐代很少提到，这是城市布局发生了重大变化。北朝时期的"东门"即是五龙门，然而这是晋阳城早期城市布局，东中西三城的格局还没有形成。

还有一个门，为东阳门。唐《晋阳记》注云"东亭在其外"。此当为正东门。另有大夏门。唐《晋阳记》云"东北门也，今汾水渡口，俗犹呼之"。此当为东门中偏北的一道门，故紧连汾河渡口[61]。元好问的诗"汾流决入大夏门，府治移著唐明村"[62]。引水灌晋阳城，大厦门若为入水处，位置应该在东北门。李裕民先生推测"大厦门"很有可能与"延夏门"是一个门，"大夏"是俗语。

《大唐创业起居注》描述李渊太原起兵之事甚详，有些史料有助于我们理解晋阳城的城市布局[63]。

丙寅，而突厥数万骑抄逼太原，入自罗郭北门，取东门而出。帝分命裴寂，文静等守备诸门，并令大开，不得辄闭，而城上不张旗帜。守城之人，不许一人外看，亦不得高声，示以不测……然突厥多，帝登宫城东南楼望之，且及日中，骑尘不止。康达所部，并是骁锐，勇于抄劫。日可食时，谓贼过尽，出抄其马。突厥前后夹击，埃尘涨天，逼临汾河。

"入罗郭北门"，"取东门而出"。北门与东门，皆指罗城的北门与东门。突厥能轻松进出罗城，可见罗城的防御在当时较松懈。罗城之内还有内城，即州城。"登宫城东南楼望"，"宫城"是指晋阳宫城，宫城外应另有外城。

4. 南城墙及南门

乾阳门。李裕民认为：洪武《太原志》注云"正直宫南门路"。应为正南门。"监军王定远……走登乾阳楼，呼其鹰下，莫应，逾城而坠，为枯挤所伤而死"。胡三省注："乾阳楼，盖晋阳宫城南门楼。"[64]

除明清方志文献外，其他文献记录晋阳城门名称及位置很少，近些年对于城墙与城门考古调查的工作多，考古发掘的工作少，认识有限，未能有大的突破。

5. 寺庙遗址

近年对于城内建筑基址的发掘，有很多是寺庙遗迹，但都不能与文献相对应。

唐五代，佛教在晋阳城十分盛行。据敦煌遗书《诸山圣迹志》（S0529）[65]记载：从此南行五百里至太原，都城周四十里，大寺一十五所，大禅十所，

[61] 李裕民：《论太原的城防设施及其战略地位》，《中国古都研究（二十辑）》，太原：山西人民出版社，2005年，第27页。

[62] （金）元好问著，狄宝心校注：《元好问诗编年校注》，北京：中华书局，2011年，第18页。

[63] （唐）温大雅、韩昱撰，仇鹿鸣笺证：《大唐创业起居注笺证（附壶关录）》，北京：中华书局，2022年，第34、35页。

[64] 李裕民：《论太原的城防设施及其战略地位》，《中国古都研究（二十辑）》，太原：山西人民出版社，2005年，第27页。

[65] 杜斗城：《敦煌五台山文献校录研究》，太原：山西人民出版社，1991年，第181页。

[66] 杜斗城：《敦煌五台山文献校录研究》，太原：山西人民出版社，1991年，第168—170页。

小院百余，僧尼二万余人。

敦煌遗书《往五台山行记》还记录了太原城内的大安寺及诸寺。《往五台山行记》[66]所记大安寺前有五凤楼、九间大殿、九间讲堂、一万斤钟等；其寺大悲院有铸金铜大悲菩萨，四十二臂，高一丈二尺；该寺有弥勒院、经藏院、文殊院、门楼院等；寺后有三学院，是一个规模较大的横列式多纵院结合的大型佛教寺院。另有崇福寺，有"五层乾元长寿阁"，崇福寺在《太原县志·寺观》有记：崇福寺在县南五里安仁都，北齐天保二年僧永安建，唐大历二年修，会昌五年废，元至正初重建，经兵废，洪武十年重建，并上

图一四 隋唐五代时期晋阳城考古发现示意图

生寺入焉。

唐五代高僧澄观[67]、宗哲[68]等，均曾在此修行，是晋阳城内佛寺高僧见于文献最多的寺院。

晋阳城城外的唐五代考古工作做得较多，主要是关于墓葬及龙山、蒙山、太山等寺庙遗址的发掘。

从20世纪50年代起，山西太原陆续发现唐五代墓，基本位于晋阳古城两侧的西山山前坡地。大致包括砖室墓和土洞墓两类，方形或弧方形砖墓是主要墓葬形制，以太原生态工程学校赫连山墓、太原生态工程学校M1、晋源果树场温神智墓、晋祠宾馆王小娘子等墓为重要。有些唐墓有精彩的壁画，壁画中有画影作建筑，如小井峪小学唐墓、乱石滩M1、赫连山墓等（图一四）。

考古发掘了多个寺庙的建筑基址，如龙山石窟、天龙山石窟、童子寺遗址及佛阁遗址、圣寿寺西院佛教造像坑、蒙山大佛佛阁遗址等，这些考古发掘对于认识晋阳当时佛寺建筑有重要意义，对于城市布局的认识也有重要帮助，同时能更好地理解唐五代时期城市发展与社会、宗教之间的互动。

童子寺，文献中多有记载[69]。

唐并州城西有山寺，寺名童子。有大像，坐高一百七十余尺。皇帝崇敬释教，显庆末年，巡幸并州，共皇后亲到此寺。及幸北谷开化寺，大像高二百尺。礼敬瞻睹，嗟叹希奇，大舍珍宝财物衣服。并诸妃嫔内宫之人，并各捐舍，并敕州官长史窦轨等，令速庄严，备饰圣容，并开拓龛前地，务令宽广。还京之日，至龙朔二年秋七月，内官出袈裟两领，遣中使驰送二寺大像。其童子寺像披袈裟日，从旦至暮，放五色光，流照崖岩，洞烛山川。又入南龛小佛赫奕堂殿。道俗瞻睹，数千万众。城中贵贱睹此而迁善者，十室而七八焉。众人共知，不言可悉。

圆仁记录的也比较详细[70]：从石门寺向西上坂，行二里许，到童子寺。慈恩基法师避新罗僧玄测法师，从长安来，始讲唯识之处也。于两重楼殿，满殿有大佛像，见碑文云："昔冀州礼禅师来此山住，忽见五色光明云从地上空而遍照。其光明云中有四童子坐青莲座游戏，响动大地，岩巘颓落。岸上崩处，有弥陀佛像出现。三晋尽来致礼。多有灵异，禅师具录，申送请建寺。遂造此寺。因本瑞号为童子寺。敬以镌造弥陀佛像，颜容颙然，皓玉端丽。跏坐之体高十七丈，阔百尺。观音、大势至各十二丈。"

童子寺名气很大，记载有高僧释寰中[71]在此出家。

2002至2006年，对童子寺佛阁遗址进行了发掘。佛阁依山而建，东南北三面砌墙，佛阁后接摩崖敞口式大龛，龛内为无量寿佛、观世音、大势至菩萨三尊像。考古发掘了前廊及周围相关建筑基址，出土了北齐至唐代佛教石造像和大量的砖瓦等建筑构件。佛阁修建年代约在北齐天保十年（公元559年）；第一次重修的时间约为武周至盛唐时期，第二次重修的时间当为

[67]（清）道霈纂要、纪华传整理：《中华大藏经续编·汉传注疏部（五）·大方广佛华严经疏论纂要》，北京：中华书局，2020年，第390页。

[68]（宋）赞宁：《宋高僧传》，北京：中华书局，1987年，第83页。

[69]（唐）释道世著，周叔迦、苏晋仁校注：《法苑珠林校注》，北京：中华书局，2003年，第486页。

[70]〔日〕圆仁著，白化文等校注：《入唐求法巡礼行记校注》，北京：中华书局，2019年，第315页。

[71]（宋）赞宁：《宋高僧传》，北京：中华书局，1987年，第273页。

中晚唐时期；佛阁废弃的年代可能在金天辅元年（公元1117年）[72]。

据《法苑珠林》卷十四记载，开化寺大像高二百尺。此像就是现在风峪沟北岸蒙山开化寺大佛。《北齐书》云"凿晋阳西山大佛像，一夜燃油万盆，光照宫内"就是指这个大佛。这段史料对我们研究晋阳城市布局有重要的价值（详见拙文《晋阳宫考》）。到唐代时，大像仍然保存完好，唐高宗与武则天还亲来此"礼敬瞻睹，嗟叹希奇"并"大舍珍宝财物"给大佛，又敕令并州地方官窦轨"开拓龛前地，务令宽广"。其回长安后还遣使驰送给童子寺、开化寺大佛像袈裟各一领。嘉靖《太原县志》又谓，大佛的佛阁在会昌甲子岁废毁，此次"废毁"是否与唐会昌年间武宗灭佛有关，还待考证，但此时大佛像可能还较完整的保留着[73]。2015年的考古发掘，证实了在五代时期大佛阁进行了重建。

大佛龛依山开凿，平面略呈半椭圆形，敞口，露顶式。面宽29.6米、进深17米。据测量坐佛通高38米。佛阁依大佛龛建造。规模宏大，中间部分即大佛龛前，为山体下凿至略低于佛座后再建，面宽五间，进深两间。阁前有石砌台明和东西阶。两侧依山势各建面宽两间或三间，进深四间或五间的建筑。遗物有"乾宁丙辰（公元896年）造阁，晋王（李克用）修此功德"带兽面瓦当的刻铭筒瓦，明确了李克用重建佛阁的年代；北汉时复刻的唐朝重修大像阁价钱碑残碑[74]，明确记载晚唐重建的佛阁为三层大阁，及修阁所使用的各种材料名称数量、人工数乃至修阁所花费的总资金。蒙山大佛及佛阁是中国北朝体量最大的摩崖大佛和佛阁，为研究大佛的雕造和早期佛阁形制提供了重要实物资料。清晰的柱网结构反映了北朝佛阁建筑的特点，同时唐朝重修大像阁价钱碑的发现，对于复原唐代佛阁建筑具有重要的学术价值。

在蒙山和龙山之间，考古发掘了太山龙泉寺塔基遗址。龙泉寺位于风峪沟入口处的太山山腰，中轴线建有山门、三大士殿、观音堂。三大士殿为寺院的主殿。院内存有唐景云二年（公元711年）石碑一通。2008年，发掘了太山龙泉寺塔基，塔基有地宫，出土石函一件及开元通宝铜钱一枚[75]。

五、唐五代墓葬

唐代，墓葬的形制、墓内装饰、随葬品都发生了革命性的变化，这一节点发生在安史之乱。太原地区处于社会动荡的中心区域，受到的冲击较大。在建筑形制上，北朝常见的长斜坡墓道墓葬进入唐代后消失，代之而来的是方形墓室、短墓道的砖室墓，有些墓葬的墓道与墓室方向一致，还有很多有折角，是有意设计，还是营造过程中的"随宜"，并不能解释清楚。事实上，这种墓葬形制与北朝时期弧壁砖石墓并无区别，可看作是旧制度的延续。长斜坡墓道墓葬消失的原因可能是唐代太原墓主人贵族身份与北朝墓主人贵族

[72] 中国社会科学院考古研究所边疆考古研究中心、山西省考古研究所、太原市文物考古研究所：《太原市龙山童子寺遗址发掘简报》，《考古》2010年第7期，第55页。

[73] 杜斗城：《敦煌五台山文献校录研究》，太原：山西人民出版社，1991年，第181页。

[74] 李裕群：《中国北朝-唐规模最大的佛阁再现真容——太原蒙山开化寺佛阁遗址发掘（2015-2016年度）》，《中国文物报》2017年3月10日第5版。

[75] 龙真、冯钢、常一民：《太原太山龙泉寺塔基址发掘调查取得重要成果》，《中国文物报》2009年1月14日第2版。

身份差异形成的。而与此同时直壁的方形墓室墓、土洞墓、圆形砖室墓（五代）也比较流行（偶见船形墓室墓）。墓室内有壁画，壁画内容有树下老人图，还有墓顶四神图及星象图。这些图像，有不少学者尝试进行解读，但都没有令人信服的说法。不管壁画内容寓意如何，人物与环境融合在一起的画风实属新气象，算是墓葬装饰的重大变化。如 2019 年在太原市万柏林区小井峪发掘的郭行墓，就反映了武则天圣历三年左右一种"别开生面"的艺术水平。有的墓室内有砖雕建筑及影作建筑图像，建筑彩绘以涂朱为主，见有"七朱八白"。另外柱、枋、人字栱、一斗三升图像多见。墓葬壁砖砌法仍有早期墓葬的"一甃一卧"或"一甃多卧"的孑遗，这样的砌墙方法当来自地面建筑的土坯墙砌法，由于土坯在地下容易受潮垮塌，不可以用在地下做结构性墙。墓室设有棺床，条砖铺地多，说明唐代墓葬地面处理并不讲究。随葬品中，魂瓶这类塔形器物的出现，是日用器物与建筑形象融合的新的艺术表现，也反映了宗教建筑对于丧葬观念的深刻影响。

纵观历史文献关于晋阳城市的记载，我们发现波澜壮阔的历史背后的记录却只是只言片语，而考古发现的遗迹与遗物却有海量的信息，只要揭露地表，都会有遗存的发现。这些发现绝大多数又不能与历史记录相对应，这是客观事实，但历史文献能带给我们去了解一个更广阔的历史语境，这个语境将有助于更好感悟文化遗存的信息。文献与文物，两者都不能忽视。

从考古的实景观瞻历史，更能为其确证某些历史史实，生动还原历史场景，认识文献之外的社会生活史内容。2011 年，我们怀揣着复原晋阳城千年历史的使命与理想，踏入了晋阳城，十余年的考古工作，使我们的视野由城内到城外，由建筑基址到墓葬，由晋阳到长安、洛阳、邺城及更多的古代城市，认识到了古代城市对于中国文明构建的重要价值。思路的转变与视野的不断开阔是这些年晋阳城市考古带给我们的最重要收获。

第一章 建筑遗物

库狄回洛墓

北齐

晋中市寿阳县贾家庄出土

第一章　建　筑　遗　物

1　发掘现场

2　墓门

3　木樘

4　柱头铺作

第一章　建筑遗物

5　补间人字形栱

6　散斗

7　驼峰

娄睿墓

北齐

太原市晋源区王郭村西南出土

1 **陶仓**

高14.2、最大径11.7厘米

2 **陶厕**

高9.5、长9.5、宽9厘米

第一章　建筑遗物　41

2-1

2-2

徐显秀墓

北齐
太原市迎泽区王家峰村出土

1 过洞北壁

2 门楼壁画

虞弘墓

隋代
太原市晋源区王郭村南出土

1 石椁（外观）

2 石椁（歇山顶）

郭行墓

唐代
太原市万柏林区小井峪出土

第一章 建筑遗物　　47

1　墓室壁画全貌

1

48　晋阳古城建筑遗存

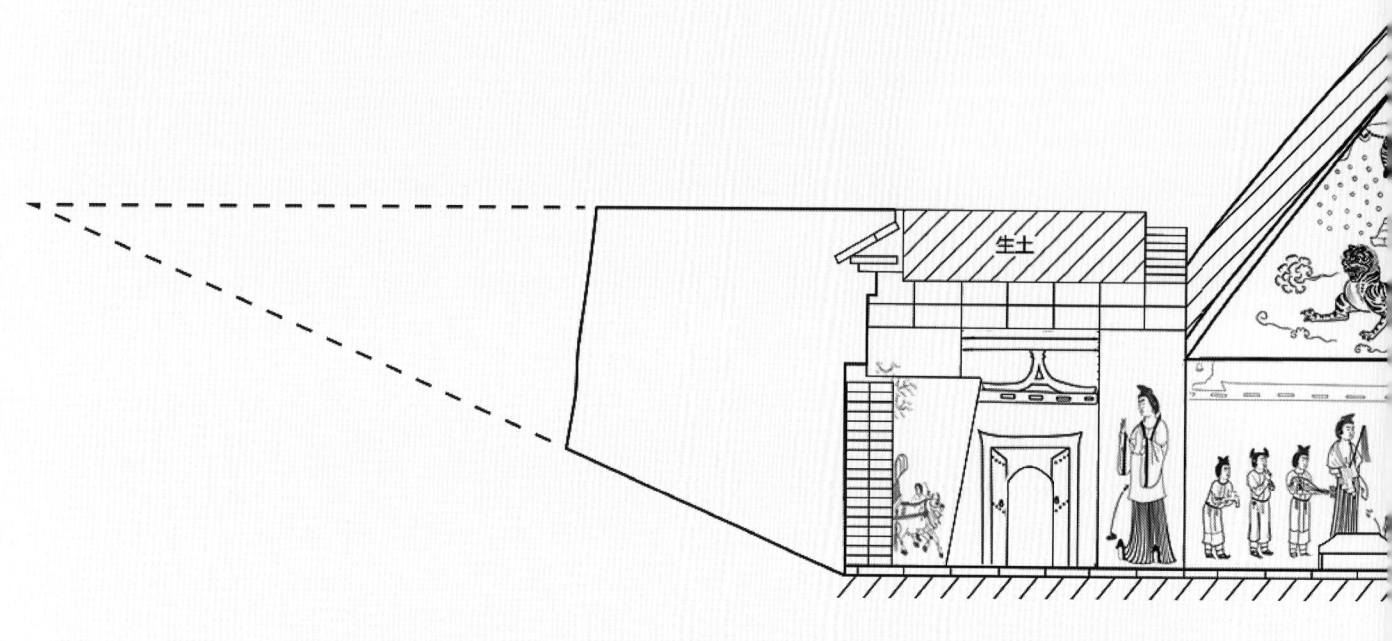

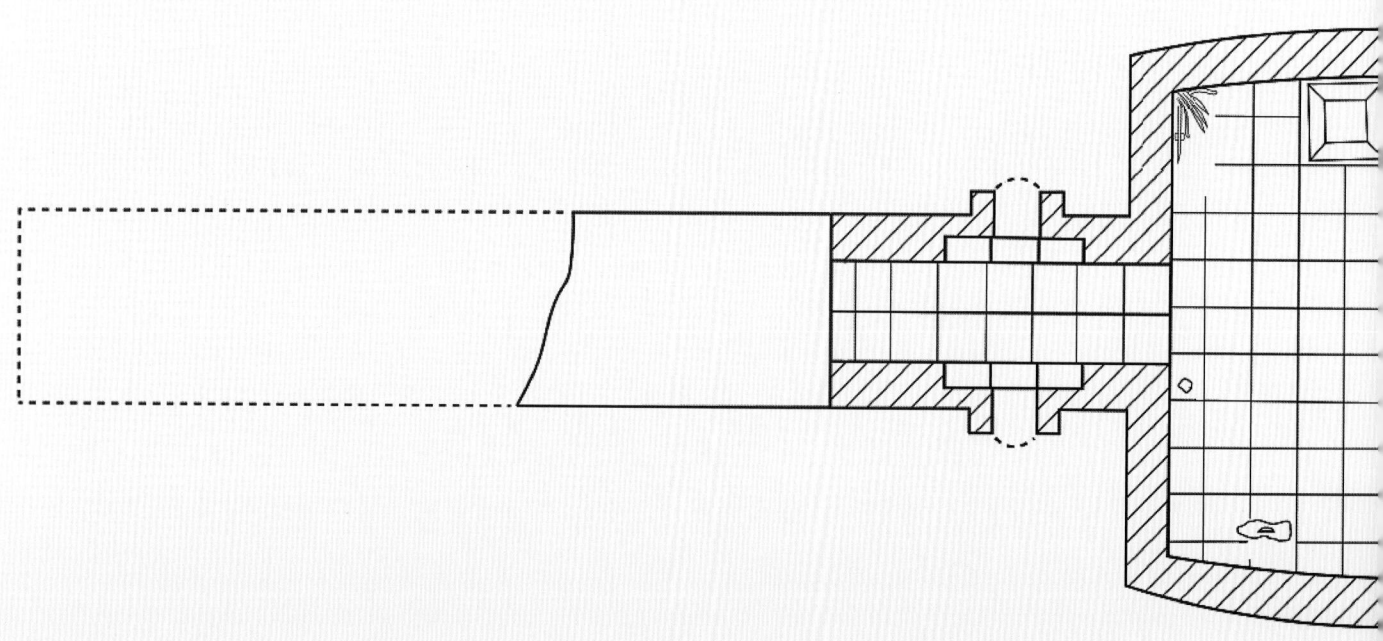

2　墓室平、剖面图

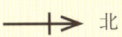
北
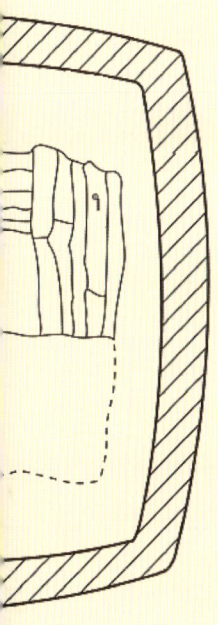
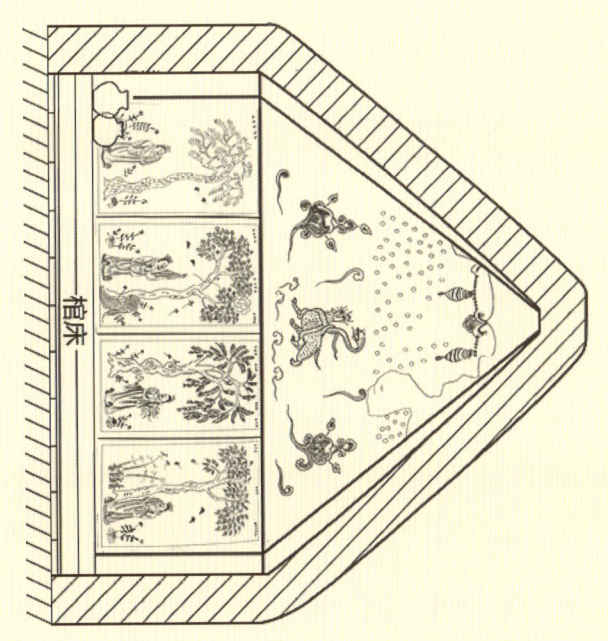

0　　100厘米

3　**墓室壁画线图**

门楼

西壁　　　　　　　　北壁

第一章 建筑遗物　51

西侧　　　　　　　　　　　　　东侧

东壁　　　　　　　　　南壁

第一章 建筑遗物　　53

4　墓门壁画

5　彩绘门（东壁）

6　彩绘门（西壁）

54　晋阳古城建筑遗存

7　鞍马备行图

8　牛车备行图

7

第一章 建筑遗物 55

8

9	男侍图
10	仕女图

第一章 建筑遗物　57

11　侍卫图（东侧）

12　侍卫图（西侧）

13　演乐图（东壁）

第一章 建筑遗物　　59

13

第一章 建筑遗物　　61

14　演乐图（西壁）

15　树下人物图（北壁）

16　树下人物图（东壁）

17　树下人物图（西壁）

赫连山墓和赫连简墓

唐代
太原市晋源区生态工程学校出土

第一章 建筑遗物　67

1　赫连山墓全景

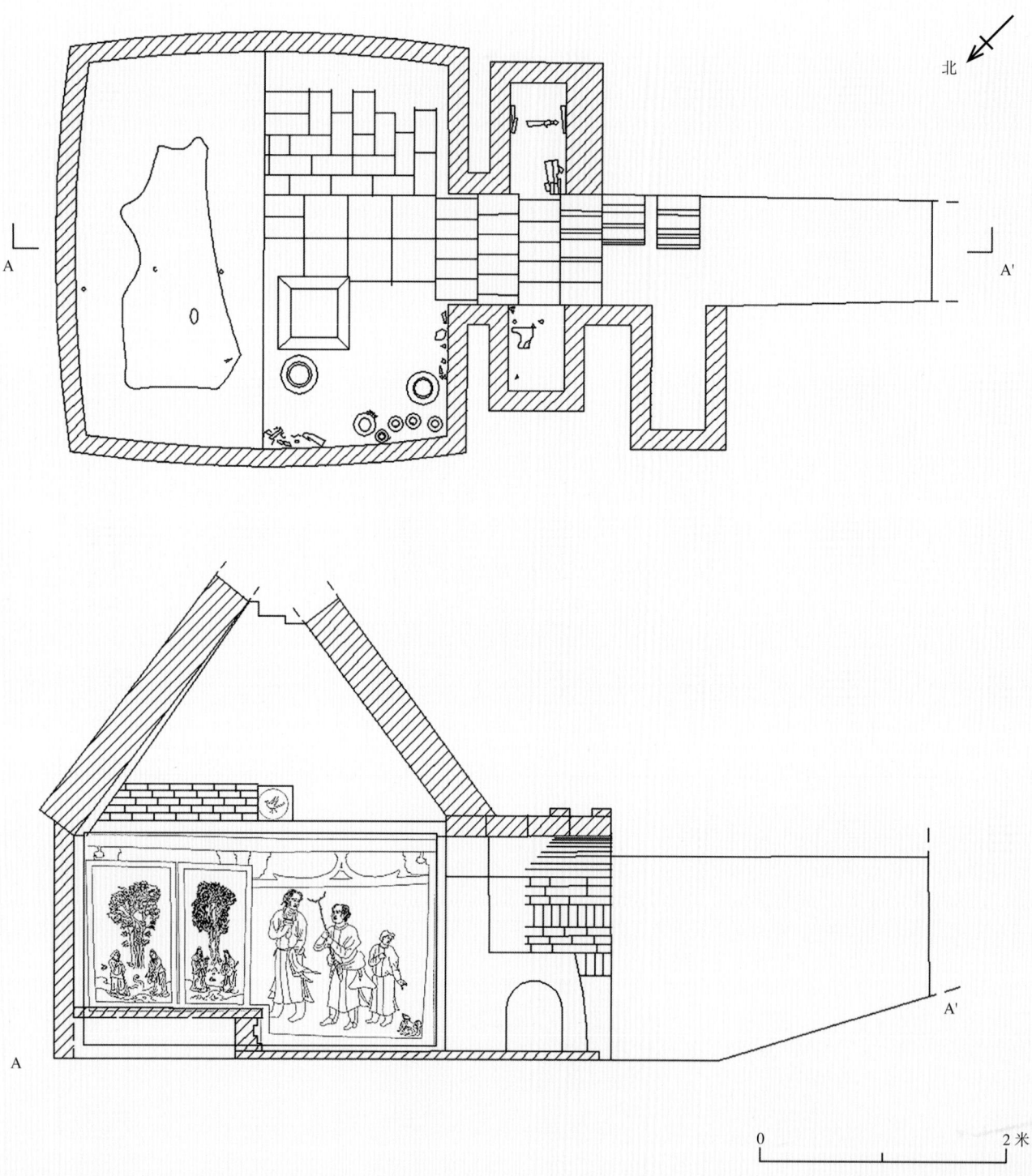

2　赫连山墓平、剖面图

3　赫连山墓墓室俯视图

4　赫连山墓北壁壁画

第一章 建筑遗物　73

5　赫连山墓东壁壁画

6　赫连山墓南壁壁画

7 赫连山墓西壁壁画

7

8　赫连简墓全景

9　赫连简墓平、剖面图

第一章 建筑遗物　77

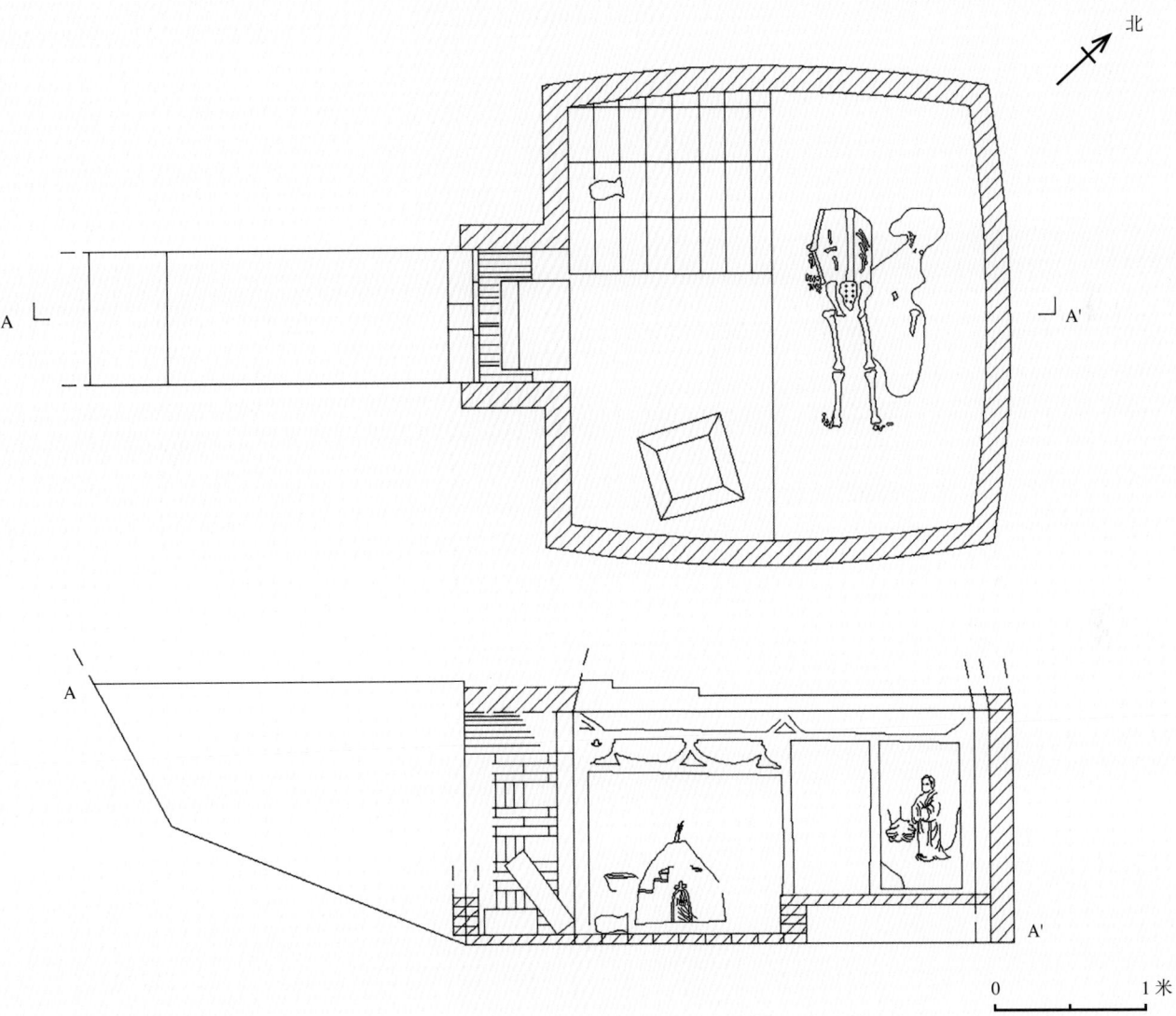

10 赫连简墓北壁壁画

第一章 建筑遗物　79

10

11　赫连简墓东壁壁画

12　赫连简墓南壁壁画

13　赫连简墓西壁壁画

乱石滩 M1

唐代
太原市晋源区晋阳古城出土

82　晋阳古城建筑遗存

1

第一章 建筑遗物　83

1　墓室全景（上为北）

2　墓室四壁展开图（北—东—南—西）

3　墓室顶部壁画（上为东）

4

4 墓室东壁南侧壁画

5 墓室西壁壁画

6 墓室南壁

第一章 建筑遗物　85

7 墓室北壁壁画

龙泉寺棺椁

唐代
太原市晋源区风峪沟太山出土

1　塔基（东—西）

2　地宫宫门

总高49、宽42厘米

1

2

3　地宫内石函　　　　4　石函内部

5

5 石函内出土铜铺首

6 石函内出土铜人形饰件

7 石函内出土铜龙形饰件

| 8 | 木棺侧面 |

| 9 | 木棺前挡 |

第一章 建筑遗物　93

10　铜棺侧面

11　铜棺前挡

12　铜棺后挡

第一章　建筑遗物　　　　95

11

13　银棺侧面

第一章　建筑遗物　　97

13

14 **银棺前挡**	15 **银棺后挡**
前挡高6.8、宽8.1厘米	后挡高5.4、宽6.4厘米

14

15

16 银棺内金棺

16

王小娘子墓

后晋

太原市晋源区晋祠宾馆出土

1　仿木结构砖雕

太惠妃墓

北汉
太原市晋源区青阳河村出土

1　墓室局部（东—西）　　2　墓室顶部（上为南）

3 甬道西侧门吏图

4 甬道东侧门吏图

5 墓室顶部东侧青龙图

6 墓室顶部西侧白虎图

第一章　建筑遗物

5

6

7　墓室顶部南侧朱雀图　　8　墓室顶部北侧玄武图

7

8

西镇十号墓

五代
太原市晋源区西镇村出土

1 **石棺**

前挡高35、后挡高28厘米

2 **石棺底座**

底座长36、前座宽24、后座宽20厘米

第一章 建筑遗物　　　　109

天龙山石窟

北朝至唐
太原市西南天龙山腰

1 第8窟前檐仿木构窟檐

2　第10窟前檐仿木构窟檐

3　第16窟前檐仿木构窟檐

器物模型

第一章 建筑遗物　115

1 **陶楼**

东汉
太原市晋源区王郭村出土
通高45、长32.5、宽17.2厘米

1-1

1-2

1-3

2　**陶塔形器**

唐代
太原市晋源区晋阳古城一号建筑基址出土
通高27.5厘米

3　**塔式罐**

五代
太原市晋源区开化村出土
通高122厘米

第二章 石构件

柱礎石

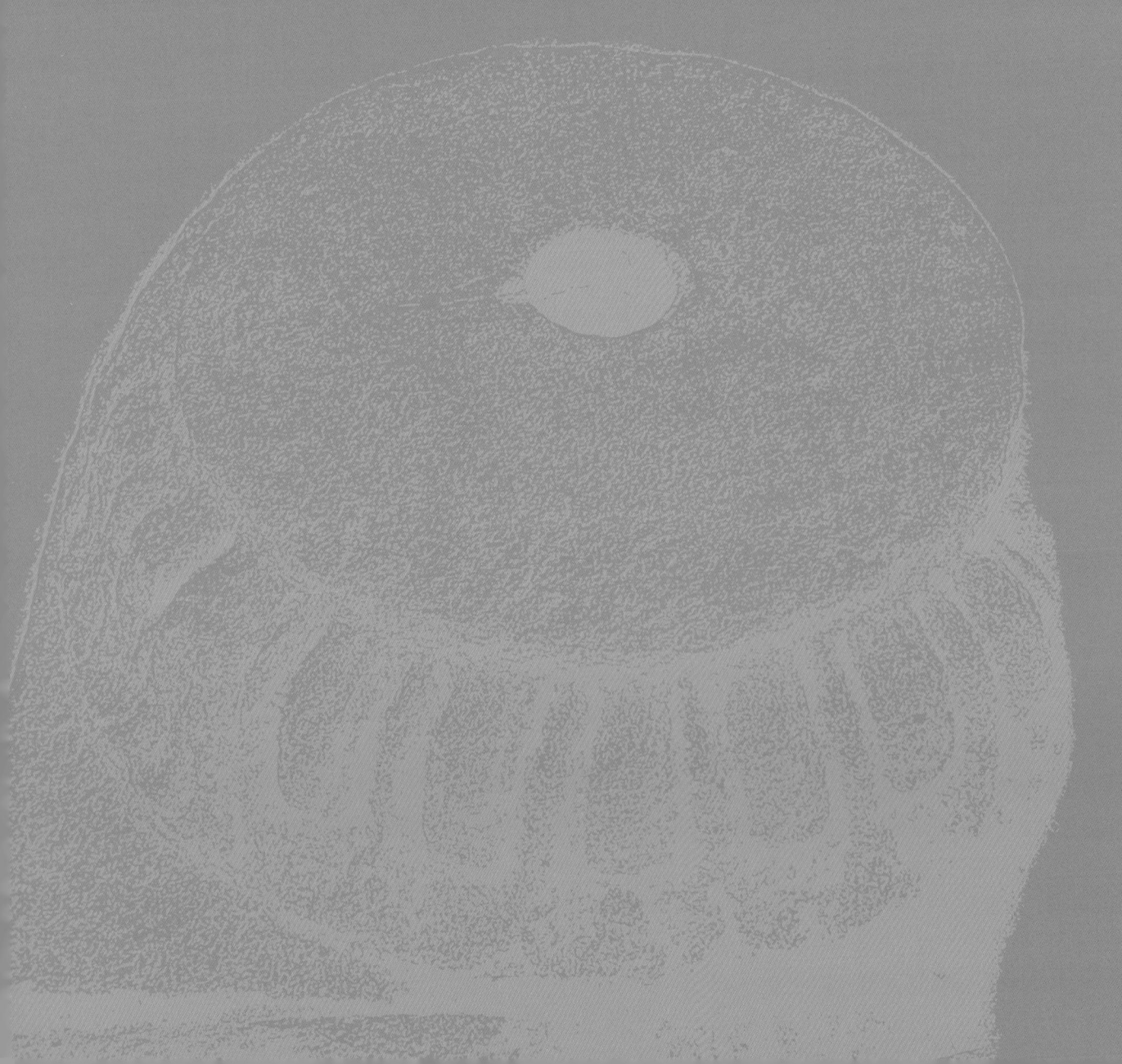

第二章　石构件　121

1　**方形柱础石**

北朝
太原市晋源区瓷窑址东出土
边长1.1米

2　**宝装覆莲柱础石**

北朝
太原市晋源区寺底村蒙山大佛佛阁
遗址出土
边长115、上平面直径84厘米

3 **柱础石**

五代
太原市晋源区晋阳古城二号建筑基址出土
边长84.5、上平面直径48厘米

4 **山门柱础石**

五代
太原市晋源区晋阳古城二号建筑基址出土
左侧边长80、上平面直径40厘米；
右侧边长84.5、上平面直径48厘米

5 **望柱下柱础石**

五代
太原市晋源区晋阳古城二号建筑基址出土
边长44、上平面直径23厘米

石帳座

1 石帐座

北齐
太原市晋源区王郭村西南娄睿墓出土
通高13、边长21厘米

2 石帐座

北朝
太原市晋源区晋阳古城一号建筑基址出土
通高7.5厘米，方座宽14.5、高3.8厘米，中心孔径3.1、深5.8厘米

1-1

1-2

第二章 石构件　125

2-1

2-2

3 **石帐座**

北朝
太原市晋源区晋阳古城二号建筑基址出土
底座边长23、上平面直径10、通高10.7、孔径2.2厘米

3-1

4 **石帐座**

唐代
太原市晋源区晋阳古城二号建筑基址出土
底座边长14、上平面直径13、通高8、上孔径3.1、下孔径3厘米

3-2

4-1

4-2

石雕残件

1 **石雕残件**

五代
太原市晋源区晋阳古城二号建筑基址出土
残长22.7、残宽13.4、残高6.8厘米

2 **石雕残件**

五代
太原市晋源区晋阳古城二号建筑基址出土
残长16.5、残宽15.7、残高8厘米

3 **石雕残件**

五代
太原市晋源区晋阳古城二号建筑基址出土
残长20、残宽14.3、残高3—4厘米

1

第二章 石构件　129

2

3

石雕莲花底座

第二章 石构件　131

1

1 石雕莲花底座

五代
太原市晋源区晋阳古城二号建筑基址出土
残宽19.2、残高11.8厘米

2 石雕莲花底座

五代
太原市晋源区晋阳古城二号建筑基址出土
残宽15.2、残高12.8厘米

3 **石雕莲花底座**

五代
太原市晋源区晋阳古城二号建筑基址出土
残宽19.2、残高11.9厘米

4 **石雕莲花底座**

五代
太原市晋源区晋阳古城二号建筑基址出土
残长43.5、残宽14.1、残高14.4厘米

3

4

石雕獅子

1 **石雕狮子**

北齐
太原市晋源区王郭村西南娄睿墓出土
左侧通高21.3厘米，底座长18、宽12、高3厘米；右侧通高23厘米，底座长22、宽14、高3厘米

2 **石雕狮子**

北齐
太原市晋源区王郭村西南娄睿墓出土
右侧通高21.3厘米，底座长18、宽12、高3厘米；左侧通高22厘米（狮嘴所衔铜环已缺失）

1

2

3 石雕狮子

北齐
太原市晋源区苗圃内城城墙遗址出土
通高65.6、宽34—40厘米

3-1

4 **石雕狮子**

唐代
太原市晋源区晋阳古城三号建筑基址出土
残高9.5厘米

5 **石雕狮子**

唐代
太原市晋源区晋阳古城遗址出土
通高65厘米

6 **石雕狮子**

五代
太原市晋源区晋阳古城二号建筑基址出土
残高19、宽17.2、底座高4.3厘米

4

5

6

7	**石雕狮子**

五代
太原市晋源区晋阳古城二号建筑基址出土
残长13.6、残高7.2厘米

8	**石雕狮子**

五代
太原市晋源区晋阳古城二号建筑基址出土
残长9.8、残高5.7厘米

9	**石雕狮子**

五代
太原市晋源区晋阳古城二号建筑基址出土
残长17.1、残高18.2厘米

7

8

9

10 **石雕狮子**

五代
太原市晋源区晋阳古城二号建筑基址出土
残长18、残高19.7厘米

10-1

10-2

10-3

其他

1 **石构件**

魏晋
太原市晋源区晋阳古城三号建筑基址出土
长1.26、宽1.05、高0.57米

1-1

1-2

2 石构件

北朝
太原市晋源区苗圃内城城墙遗址出土
长103、宽30、高50厘米

2-1

2-2

3 石门墩和镇墓兽

北齐
太原市晋源区王郭村西南娄睿墓出土
镇墓兽残高42.3厘米

4 石椁构件（石柱）

隋代
太原市晋源区王郭村南虞弘墓出土
通高148厘米

5-1

5-2

6-1

6-2

5 **石座垫**

隋代
太原市晋源区王郭村南虞弘墓出土
总长43.5、高19.5、宽19厘米

6 **石座垫**

隋代
太原市晋源区王郭村南虞弘墓出土
总长31、高16、宽15.5厘米

第二章　石构件　145

7 **螭首形水槽**

唐代
太原市晋源区晋阳古城四号建筑基址出土
长94.5、宽44.5、通高47厘米，螭首凹槽长57—58.5、宽18、深12.5—29厘米

8 **石构件**

五代
太原市晋源区晋阳古城一号建筑基址出土
长38、宽27、厚5厘米

7-1

7-2

7-3

8

第三章 砖

长方形砖

1 **长方形砖**

汉代
太原市晋源区晋阳古城三号建筑基址出土
长31.3、宽15、厚6.1厘米

2 **长方形砖**

魏晋
太原市晋源区晋阳古城三号建筑基址出土
长29.5、宽14.5、厚5.6厘米

3 **长方形砖**

魏晋
太原市晋源区晋阳古城三号建筑基址出土
长30.7、宽15、厚5.7厘米

4 **长方形砖**

十六国
太原市晋源区晋阳古城三号建筑基址出土
长32.4、宽15.9、厚5.5厘米

5 **长方形砖**

十六国
太原市晋源区晋阳古城三号建筑基址出土
长30.3、残宽14.3、厚6.4厘米

6 **长方形砖**

北朝
太原市晋源区晋阳古城三号建筑基址出土
长30.4、宽14.8、厚5.6厘米

7 **长方形砖**

北朝
太原市晋源区晋阳古城二号建筑基址出土
长31.2、宽15.2—16.2、厚6.3—7.2厘米

8 **长方形砖**

唐代
太原市晋源区晋阳古城三号建筑基址出土
长31.3、宽15.2、厚6.1厘米

7-1

7-2

8

9 **长方形砖**

唐代
太原市晋源区晋阳古城三号建筑基址出土
长29、宽14、厚5.4厘米

10 **长方形砖**

唐代
太原市晋源区晋阳古城苗圃出土
长38、宽20、厚7.5厘米

11 **长方形砖**

唐代
太原市晋源区晋阳古城三号建筑基址出土
长34.2、宽17、厚5.8厘米

9

10

11

12 **长方形砖**

五代
太原市晋源区晋阳古城二号建筑基址出土
长35.5、宽16.7、厚5.7厘米

13 **长方形砖**

五代
太原市晋源区晋阳古城二号建筑基址出土
长37.5、宽18、厚5.5厘米

12-1

12-2

13

14 **长方形砖**

五代
太原市晋源区晋阳古城二号建筑基址出土
长33、宽15.5、厚5厘米

15 **长方形砖**

五代
太原市晋源区晋阳古城二号建筑基址出土
长31.3、宽15.1、厚5.2厘米

16 **长方形砖**

五代
太原市晋源区晋阳古城二号建筑基址出土
长34.7、宽16.7、厚5.4厘米

14

15

16

第三章　砖　155

17-1

17-2

18-1

17 **长方形砖**

五代
太原市晋源区晋阳古城二号建筑基址出土
长31.1、宽15.9、厚4.8厘米

18 **长方形砖**

五代
太原市晋源区晋阳古城二号建筑基址出土
长39.8、宽20、厚6.7厘米

18-2

正方形砖

1 **正方形砖**

汉代
太原市晋源区晋阳古城三号建筑基址出土
残长17.7、残宽14.5、厚3.5厘米

2 **正方形砖**

汉代
太原市晋源区晋阳古城三号建筑基址出土
边长26.5、厚2.7厘米

3 **正方形砖**

汉代
太原市晋源区晋阳古城三号建筑基址出土
边长26、厚2.2厘米

4　正方形砖

汉代
太原市晋源区果树场出土
边长28、厚3.5厘米

5　正方形砖

汉代
太原市晋源区晋阳古城三号建筑基址出土
边长27.2、厚3.2厘米

6

7

6 **正方形砖**

汉代
太原市晋源区晋阳古城三号建筑基址出土
边长26、厚3.5厘米

7 **正方形砖**

汉代
太原市晋源区晋阳古城苗圃出土
残长19、残宽13.2、厚2.7厘米

| 8 | **正方形砖**

汉代
太原市晋源区晋阳古城苗圃出土
残长19.2、残宽26、厚3.2厘米

| 9 | **正方形砖**

汉代
太原市晋源区晋阳古城三号建筑基址出土
残长25、残宽22、厚3厘米

8

9

10 正方形砖

汉代
太原市晋源区晋阳古城二号建筑基址出土
边长40.7、厚5.8厘米

第三章 砖

11　**正方形砖**

魏晋
太原市晋源区晋阳古城三号建筑基址出土
残长20.3、残宽13.8、厚3.9厘米

12　**正方形砖**

魏晋
太原市晋源区晋阳古城三号建筑基址出土
残长15.6、残宽14.4、厚2厘米

13　**正方形砖**

魏晋
太原市晋源区晋阳古城三号建筑基址出土
残长23.6、残宽17.7、厚6.5厘米

11

12

13

14 **正方形砖**

北朝
太原市晋源区晋阳古城三号建筑基址出土
边长40、厚7厘米

15 **正方形砖**

北朝
太原市晋源区晋阳古城三号建筑基址出土
边长42.4、厚7.5、边框宽2.5—3.5厘米

16 **正方形砖**

唐代
太原市晋源区晋阳古城二号建筑基址出土
长38.4、厚5.8—6.5、边框宽1.3—3.1厘米

14

15

16

17 **正方形砖**

唐代
太原市晋源区晋阳古城二号建筑基址出土
残长19.1、厚6.3、边框残宽0.6—2.4厘米

18 **正方形砖**

唐代
太原市晋源区晋阳古城一号建筑基址出土
边长32—32.3、厚4.4厘米

19 **正方形砖**

唐代
太原市晋源区晋阳古城一号建筑基址出土
边长29.7—29.9、厚4.9厘米

20 **正方形砖**

唐代
太原市晋源区晋阳古城一号建筑基址出土
长35.5、残宽30.5—33、厚6厘米

21 **正方形砖**

唐代
太原市晋源区晋阳古城二号建筑基址出土
边长39.3、厚6.2厘米

20

21-1

21-2

第三章 砖　　167

22-1

22-2

23-1

23-2

22　**正方形砖**

五代
太原市晋源区晋阳古城二号建筑基址出土
边长33、厚4.2—5厘米

23　**正方形砖**

五代
太原市晋源区晋阳古城二号建筑基址出土
背面阴刻"申"。边长33.7、厚5.1—5.6厘米

24-1

24-2

24 **正方形砖**

五代
太原市晋源区晋阳古城二号建筑基址出土
边长30.5、厚4.5—4.8厘米

25 **正方形砖**

五代
太原市晋源区晋阳古城二号建筑基址出土
边长32.5、厚5、边框宽3.5—4.5厘米

25

26 **正方形砖**

五代
太原市晋源区晋阳古城二号建筑基址出土
边长32.5、厚4.5、边框宽3.7—5.2厘米

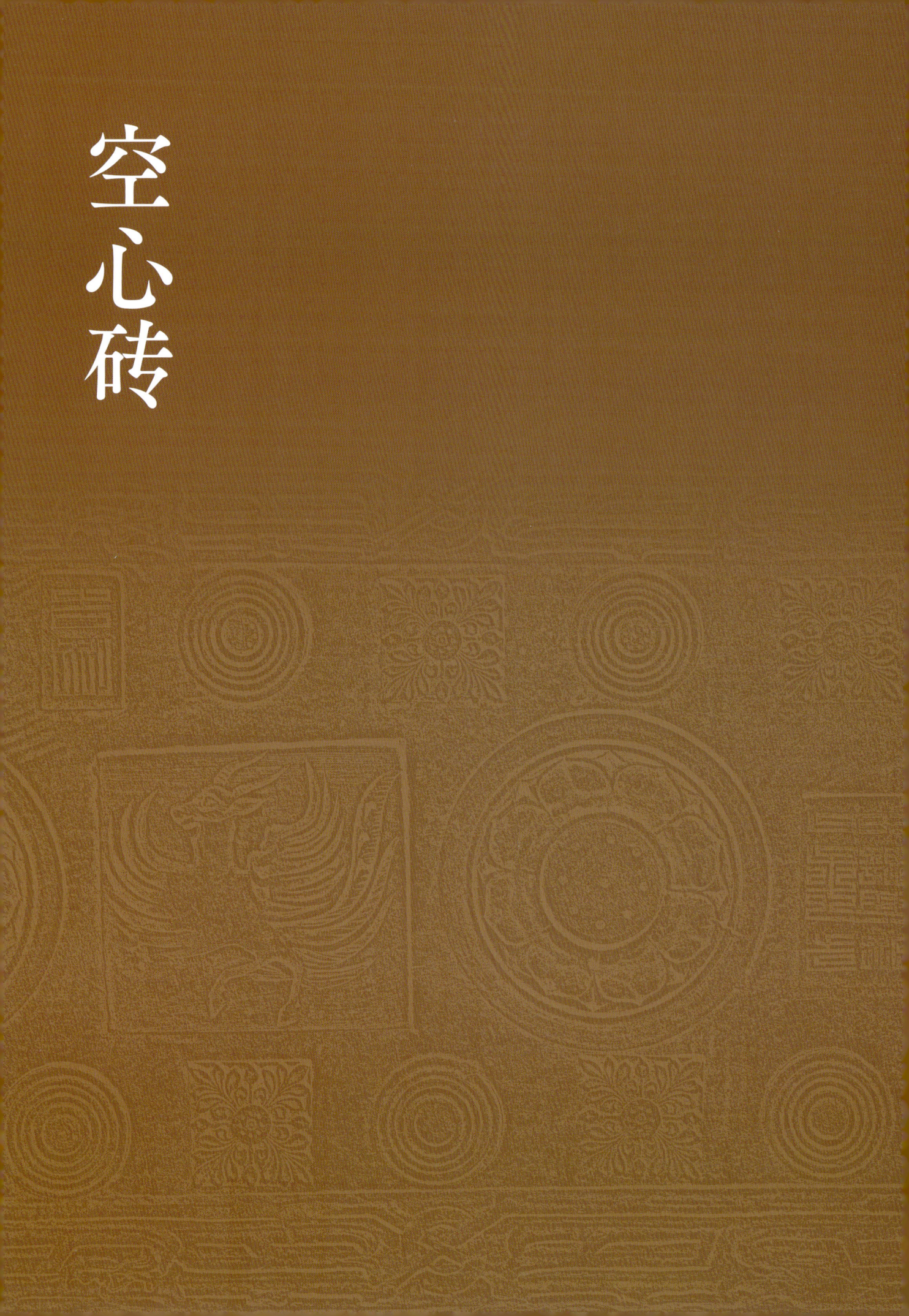

空心砖

1 **空心砖**

十六国
太原市晋源区晋阳古城三号建筑基址出土
残长23.7、残宽10.5、厚5.4厘米

2 **空心砖**

魏晋
太原市晋源区晋阳古城三号建筑基址出土
残长25、残宽12.5、厚2.5厘米

1

2

3 **长方形空心砖**
（大魏兴和二年造）

东魏
太原市晋源区晋阳古城遗址出土
残长69、宽32.2、残厚11厘米

4 　长方形空心砖
　　（大齐天保元年造）

北齐
太原市晋源区晋阳古城遗址出土
残长64、宽33、残厚10厘米

5 **长方形空心砖**
（天保四年故人竹解愁铭记）

北齐
太原市晋源区开化村出土
长32.8、宽18、高16.05厘米

5-1

5-2

6　**长方形空心砖**

北朝
太原市晋源区晋阳古城三号建筑基址出土
残长31.2、宽16.5、厚5厘米

7　长方形空心砖

北朝
太原市晋源区晋阳古城三号建筑基址出土
残长35.4、宽14.5、厚8厘米

8　长方形空心砖

北朝
太原市晋源区晋阳古城二号建筑基址出土
残长38.8、残宽15.4、残厚9.6厘米

其他

1 **雕刻砖**

北朝
太原市晋源区晋阳古城苗圃出土
残长16.2—16.4、残宽4.5—17.8、厚5—5.2厘米

2 **凿孔砖**

北朝
太原市晋源区晋阳古城三号建筑基址出土
砖边长13.8、厚5厘米，孔直径2.2厘米

3 **砖雕**

唐代
太原市晋源区晋阳古城二号建筑基址出土
边长14.5、通高4.2厘米

4

5

4 **门窝砖**

唐代
太原市晋源区晋阳古城三号建筑基址出土
砖长15.7、宽14.7、厚5.2厘米，凹窝直径5.7、深2.6厘米

5 **门窝砖**

唐代
太原市晋源区晋阳古城一号建筑基址出土
残长8.8、残宽8、厚4.8厘米

6 **砖雕**

五代
太原市晋源区晋阳古城二号建筑基址出土
长17、宽11、高18.2厘米

6

第四章 瓦

瓦当

第四章 瓦　187

1　**素面半瓦当**

东周
太原市晋源区晋阳古城三号建筑基址出土
面径14.6、厚1厘米

2　**"宫"字瓦当**

汉代
太原市迎泽区店坡村东山古墓出土
面径15、边轮宽1.2—1.5厘米

3 "宫"字半瓦当

汉代
太原市迎泽区店坡村东山古墓出土
面径14.7、边轮宽1—1.5厘米

3-1

3-2

第四章　瓦　　189

4

5

4　**"宫"字瓦当**

汉代
太原市迎泽区店坡村东山古墓出土
面径14.8、边轮宽1.1—1.5厘米

5　**卷云纹半瓦当**

汉代
太原市迎泽区店坡村东山古墓出土
面径残宽8、边轮宽1.4厘米

晋阳古城建筑遗存

6

7

6 **卷云纹瓦当**

汉代
太原市晋源区晋阳古城苗圃出土
面径16.5、边轮宽0.8—1.2、厚2.5—3.2厘米

7 **卷云纹瓦当**

汉代
太原市晋源区晋阳古城三号建筑基址出土
面径14.7、边轮宽1.7厘米

8 **卷云纹瓦当**

汉代
太原市晋源区晋阳古城三号建筑基址出土
面径16.2、边轮宽1.7厘米

9 **卷云纹瓦当**

汉代
太原市晋源区晋阳古城三号建筑基址出土
面径14.6、边轮宽2.3厘米

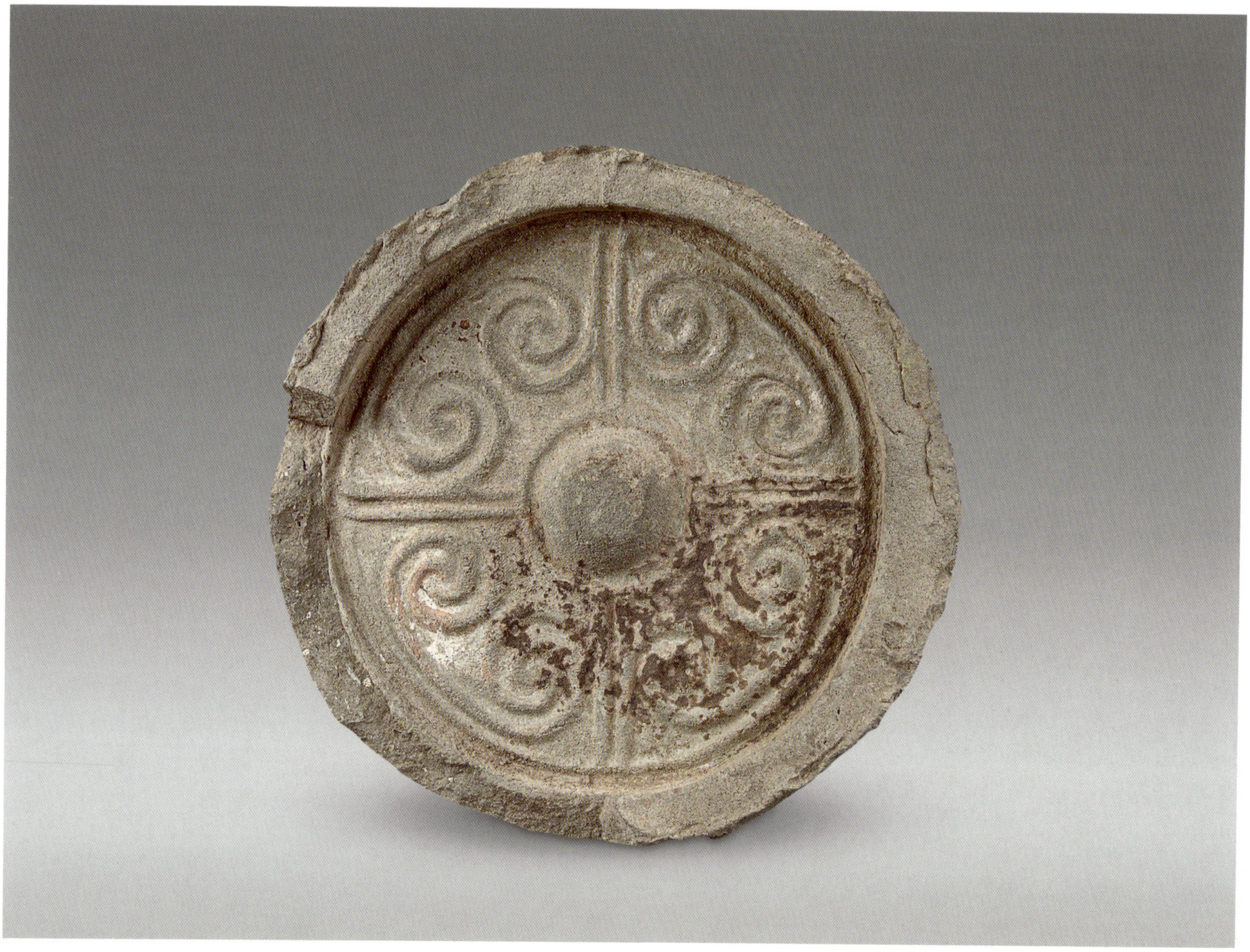

10

11

10 卷云纹瓦当

汉代

太原市晋源区晋阳古城三号建筑基址出土

面径17.5、边轮宽4.1厘米

11 卷云纹瓦当

汉代

太原市晋源区晋阳古城三号建筑基址出土

面径15.7、边轮宽1.7—2.5厘米

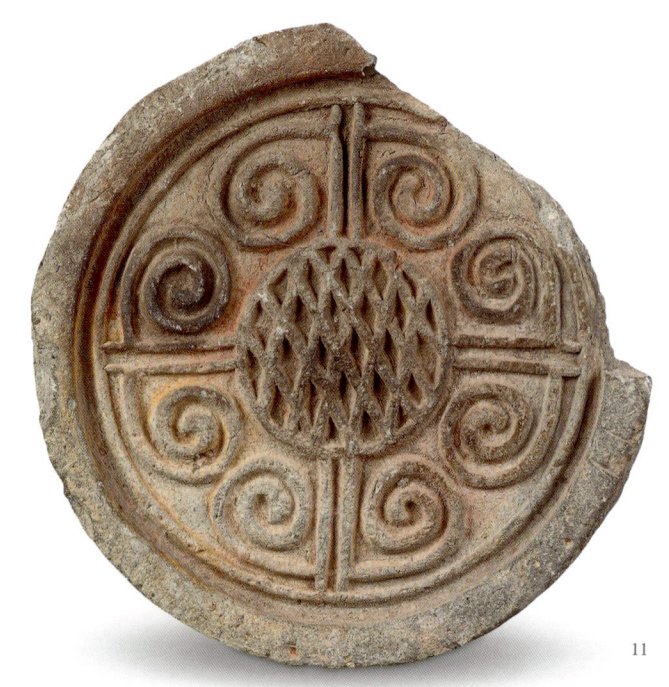

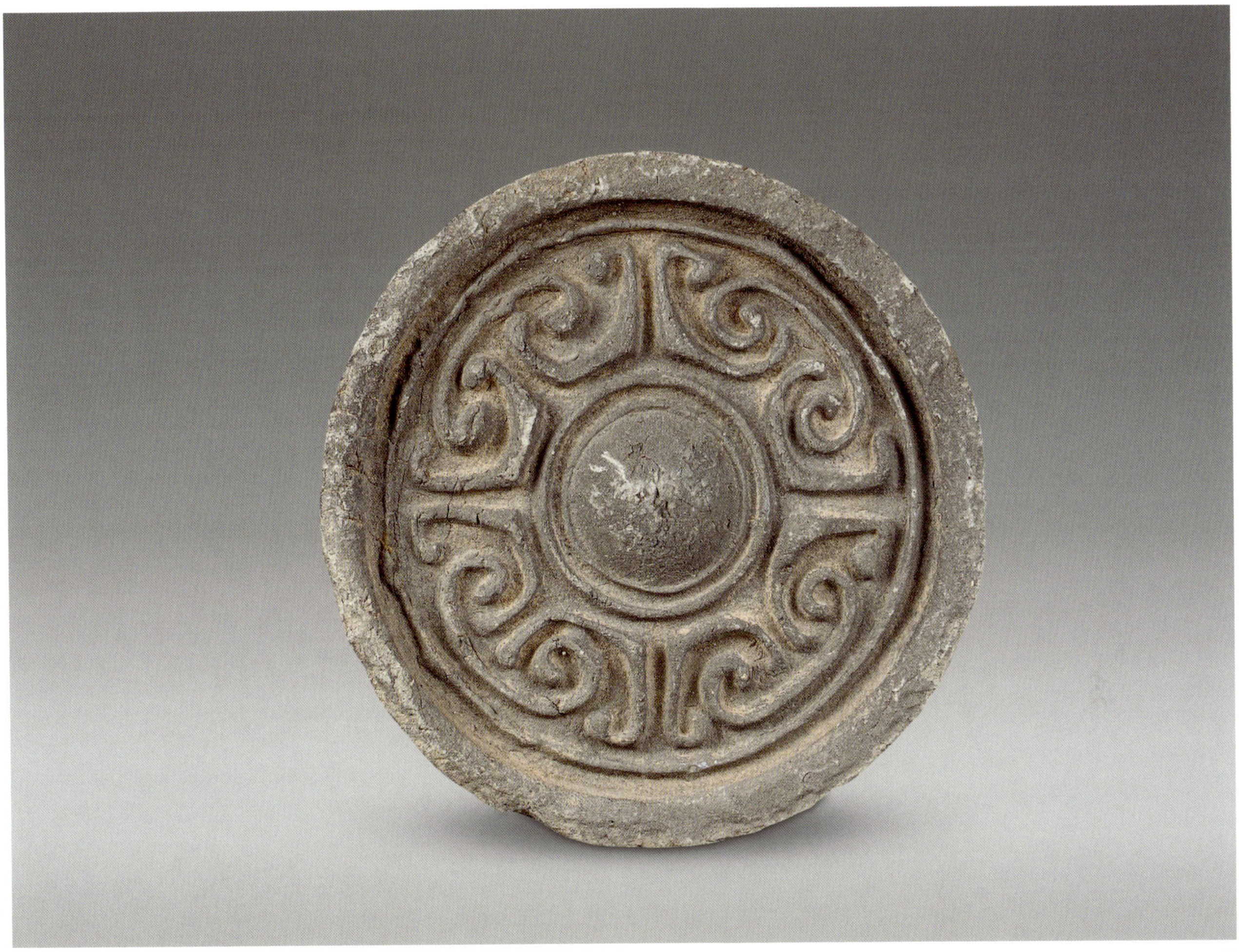

12

13

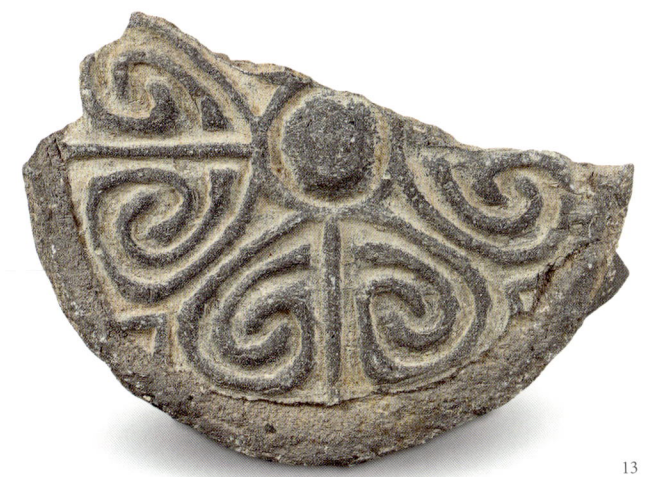

12 卷云纹瓦当

魏晋

太原市晋源区晋阳古城三号建筑基址出土

面径16、边轮宽1.9厘米

13 卷云纹瓦当

魏晋

太原市晋源区晋阳古城三号建筑基址出土

面径15、边轮宽1.7厘米

14

15

14 "长乐富贵"瓦当

魏晋
太原市晋源区晋阳古城三号建筑基址出土
面径14.5、边轮宽2.3厘米

15 莲花纹瓦当

北朝
太原市晋源区王郭村西南娄睿墓出土
面径13.6、厚1.6厘米

第四章　瓦　　195

16

17

16 **莲花纹瓦当**

北朝
太原市晋源区晋阳古城三号建筑基址出土
面径14.5、边轮宽1.8厘米

17 **莲花纹瓦当**

北朝
太原市晋源区晋阳古城三号建筑基址出土
面径13.1、边轮宽1.8厘米

18 **莲花纹瓦当**

北朝
太原市晋源区晋阳古城三号建筑基址出土
面径14.7、厚1.5厘米

19 **莲花纹瓦当**

唐代
太原市晋源区晋阳古城三号建筑基址出土
面径13.7、边轮宽1.6厘米

20 **莲花纹瓦当**

唐代
太原市晋源区晋阳古城三号建筑基址出土
面径14.5、边轮宽1.8厘米

21 **莲花纹瓦当**

唐代
太原市晋源区龙山童子寺遗址出土
面径17.5、边轮宽2.5、厚1.8—2厘米

22 **莲花纹瓦当**

唐代
太原市晋源区晋阳古城唐代一号作坊遗址出土
面径14.9、边轮宽1.8—2.1、厚1.4厘米

23 **莲花纹瓦当**

唐代
太原市晋源区晋阳古城唐代一号作坊遗址出土
面径12.8、边轮宽1.2—1.7、厚1.5厘米

24 **莲花纹瓦当**

唐代
太原市晋源区晋阳古城唐代一号作坊遗址出土
面径13.6、边轮宽1.6—2.1、厚1.5厘米

25 **莲花纹瓦当**

唐代
太原市晋源区晋阳古城一号建筑基址出土
面径13.5、边轮宽2、厚1.8厘米

24

25

26 莲花纹瓦当

五代
太原市晋源区晋阳古城二号建筑基址出土
面径14.3、边轮宽1.8、厚1.5厘米

26-1

26-2

26-3

27-1

27 **莲花纹瓦当**

五代
太原市晋源区晋阳古城二号建筑基址出土
面径15.4、边轮宽2.3、厚1.2—1.5厘米

27-2

27-3

28 莲花纹瓦当

五代
太原市晋源区晋阳古城二号建筑基址出土
面径12.6、边轮宽1.3、厚1.1—1.3厘米

28-1

28-2

28-3

29 **兽面纹瓦当**

唐代
太原市晋源区龙山童子寺遗址出土
面径14.5、厚2厘米

30 **兽面纹瓦当**

唐代
太原市晋源区龙山童子寺遗址出土
面径17、边轮宽1—2.8、厚1.1—2厘米

31

31 兽面纹瓦当

唐代
太原市晋源区龙山童子寺遗址出土
面径17.5、厚2厘米

32 兽面纹瓦当

唐代
太原市晋源区晋阳古城一号建筑基址出土
面径14、边轮宽2、厚0.7—1.3厘米

32

33 兽面纹瓦当

唐代
太原市晋源区晋阳古城一号建筑基址出土
面径13、边轮宽1.1—2、厚1.6厘米

33

34 兽面纹瓦当

唐代
太原市晋源区晋阳古城一号建筑基址出土
面径13.7—14.2、边轮宽2.2—3、厚1.2—1.5厘米

35 兽面纹瓦当

唐代
太原市晋源区晋阳古城一号建筑基址出土
面径14.5、边轮宽2.2—2.6、厚1.2—1.6厘米

36 **琉璃兽面纹瓦当**

唐代
太原市晋源区晋阳古城一号建筑基址出土
面径残长15、边轮宽2.5、厚1.3厘米

37 **兽面纹瓦当**

五代
太原市晋源区晋阳古城三号建筑基址出土
面径13、边轮宽2.5、厚2厘米

38

| 38 | **兽面纹瓦当**
五代
太原市晋源区晋阳古城三号建筑基址出土
面径13、边轮宽3、厚1.5厘米 |
| --- | --- |
| 39 | **兽面纹瓦当**
五代
太原市晋源区晋阳古城三号建筑基址出土
面径14.7、边轮宽2.4、厚1.2—1.7厘米 |

39

40 **兽面纹瓦当**

五代
太原市晋源区晋阳古城二号建筑基址出土
面径13.7、边轮宽2.2、厚1.5—1.7厘米

40-1

40-2

40-3

41 兽面纹瓦当

五代
太原市晋源区晋阳古城二号建筑基址出土
面径15.6、边轮宽2.3、厚1.2—1.4厘米

41-1

41-2

41-3

42-1

42-2

42 **兽面纹瓦当**

五代
太原市晋源区晋阳古城二号建筑基址出土
面径12.8、边轮宽2.1、厚1.3—1.5厘米

43	**兽面纹瓦当**
	五代
	太原市晋源区晋阳古城二号建筑基址出土
	面径15.5、边轮宽2.3、厚1.2—1.5厘米

43-1

43-2

43-3

44 兽面纹瓦当

五代
太原市晋源区晋阳古城二号建筑基址出土
面径14.7、边轮宽2.5、厚0.7—1.8厘米

44-1

44-2

44-3

筒瓦

1　筒瓦

汉代
太原市晋源区晋阳古城三号建筑基址出土
长42、宽13.1—14、厚0.9—1.6、瓦舌长1.5厘米

1

2 **筒瓦**

汉代
太原市晋源区晋阳古城三号建筑基址出土
长40、宽13.5—14.9、厚1.2—1.6、瓦舌长2.4厘米

3 **筒瓦**

汉代
太原市迎泽区店坡村东山古墓出土
长44、宽14.5、厚1.3—1.6、瓦舌长2.3厘米

4 **筒瓦**

汉代
太原市迎泽区店坡村东山古墓出土
长45、宽14.5、厚1.4—1.6、瓦舌长2厘米

2

3

4

5 **筒瓦**

魏晋
太原市晋源区晋阳古城三号建筑基
址出土
长46.5、宽13.5—14.4、厚1.2—
3.1、瓦舌长3.6厘米

6 **筒瓦**

魏晋
太原市晋源区晋阳古城三号建筑基
址出土
长35.7、宽15.4、厚1.4—3.4、瓦舌
长2.5厘米

7 **筒瓦**

魏晋
太原市晋源区晋阳古城三号建筑基
址出土
长43、宽13.5、厚1.3—3、瓦舌长4
厘米

5

6

7

8 筒瓦

北朝
太原市晋源区晋阳古城三号建筑基址出土
长37.4、宽14、厚1—3.2、瓦舌长2.7厘米

10 筒瓦

北朝
太原市晋源区晋阳古城三号建筑基址出土
长38.4、宽14.6、厚1.6—3.4、瓦舌长3.7厘米

9 筒瓦

北朝
太原市晋源区晋阳古城三号建筑基址出土
长23.8、宽8.2、厚1—1.8、瓦舌长2.5厘米

11 **筒瓦**

北朝
太原市晋源区晋阳古城苗圃出土
长35、宽14.7、厚1.5—2.3、瓦舌长3厘米

12 **筒瓦**

北朝
太原市晋源区晋阳古城苗圃出土
长42、宽17.6、厚1.5—2.1、瓦舌长3.3厘米

13 **筒瓦**

北朝
太原市晋源区晋阳古城苗圃出土
长37、宽13.5—14.4、厚1.2—2.5、瓦舌长2.8厘米

11

12

13

14 **筒瓦**

北朝
太原市晋源区龙山童子寺遗址出土
长42、宽18、厚2厘米

15 **筒瓦**

唐代
太原市晋源区晋阳古城一号建筑基址出土
长35、宽13.8—14.1、厚1.9—2.3、瓦舌长1.3厘米

第四章 瓦　　221

16

16　**筒瓦**

唐代
太原市晋源区晋阳古城一号建筑基址出土
长33.3、宽13.6、厚1.6—2.5、瓦舌长0.9厘米

17　**筒瓦**

唐代
太原市晋源区龙山童子寺遗址出土
长42、宽18、厚2厘米

17

18-1

18 筒瓦

唐代
太原市晋源区寺底村蒙山大佛出土
面径18.4、边轮宽1.8—2.3、厚1—1.3厘米

18-2

19 筒瓦

五代
太原市晋源区晋阳古城一号建筑基址出土
面径13.6—16、边轮宽1.5—2.5、厚1.6厘米，筒瓦残长29、宽12.4—13、厚1.8厘米

19-1

19-2

20 筒瓦

五代

太原市晋源区晋阳古城一号建筑基址出土

面径14.5—15.5、边轮宽3—3.5、厚1.6厘米，筒瓦残长28、宽14.5、厚2—2.6厘米

20-1

20-2

21-1

21 筒瓦

五代
太原市晋源区晋阳古城二号建筑基址出土
瓦当面径13.8、边轮宽2、边厚1.4厘米；筒瓦长32.5、宽14.5、厚2—2.8厘米

21-2

22-1

22 筒瓦

五代
太原市晋源区晋阳古城二号建筑基址出土
面径14.7、边轮宽2.3、厚1.2厘米

22-2

22-3

23

筒瓦

五代
太原市晋源区晋阳古城三号建筑基址出土
长35.5、宽15.1、厚1.4—3、瓦舌长1.4厘米

24

筒瓦

五代
太原市晋源区晋阳古城苗圃出土
长33、宽15.2—15.7、厚2—2.5、瓦舌长1.4厘米

25

筒瓦

五代
太原市晋源区晋阳古城一号建筑基址出土
长36、宽15.3、厚1.9—3、瓦舌长2厘米

26-1

26-2 26-3

26 **筒瓦**

五代
太原市晋源区晋阳古城一号建筑基址出土
长35、宽16、厚1.9—2.5、瓦舌长1.5厘米

板瓦

1 **板瓦**

东周
太原市晋源区晋阳古城苗圃出土
残长27、残宽20、厚1—1.2厘米

2 **板瓦**

东周
太原市晋源区晋阳古城三号建筑基址出土
残长17、窄端残宽15.5、厚0.5—1.4厘米

3 **板瓦**

汉代
太原市晋源区晋阳古城苗圃出土
残长19.2、厚1—1.4厘米

4 **板瓦**

汉代
太原市晋源区晋阳古城三号建筑基址出土
残长20、窄端残宽13、厚0.9—1.2厘米

5 **板瓦**

汉代
太原市晋源区晋阳古城三号建筑基址出土
残长13.8、窄端残宽20、厚1.2—1.4厘米

6 **板瓦**

汉代
太原市晋源区晋阳古城三号建筑基址出土
残长21.2、窄端残宽29.2、厚0.8—1.3厘米

7 **板瓦**

汉代

太原市晋源区晋阳古城三号建筑基址出土

残长27.5、宽端残宽7.5、厚0.9—1.3厘米

8 **板瓦**

汉代

太原市晋源区晋阳古城三号建筑基址出土

残长34.6、窄端残宽14.7、厚1—1.3厘米

9 **板瓦**

汉代

太原市迎泽区店坡村东山古墓出土

长45、宽端宽33、窄端宽28、厚2.7厘米

10 **板瓦**

十六国
太原市晋源区晋阳古城三号建筑基址出土
长40.4、宽端宽27.5、窄端残宽7.8、厚1.7—2.2厘米

11 **板瓦**

十六国
太原市晋源区晋阳古城三号建筑基址出土
残长14.7、残宽9.2、厚1.7—1.8厘米

12 **板瓦**

十六国
太原市晋源区晋阳古城三号建筑基址出土
残长8.4、残宽12.1、厚1.6—2.3厘米

13 **板瓦**

十六国
太原市晋源区晋阳古城三号建筑基址出土
长38.5、宽端宽33.6、窄端残宽14.3、厚1.5—2厘米

14 **板瓦**

十六国
太原市晋源区晋阳古城三号建筑基址出土
残长34、窄端残宽18、厚2.1—2.5厘米

15 **板瓦**

魏晋
太原市晋源区晋阳古城三号建筑基址出土
长49.1、宽端宽30.6、窄端宽27.5、厚1—2.3厘米

16 **板瓦**

  北朝
  太原市晋源区晋阳古城三号建筑基址出土
  残长23、宽端宽30、厚1.6—2.2厘米

17 **板瓦**

  北朝
  太原市晋源区晋阳古城三号建筑基址出土
  长43.1、宽端宽31.9、厚1.9—2.5厘米

18 **板瓦**

  北朝
  太原市晋源区晋阳古城一号建筑基址出土
  残长20.5、宽21.5、厚3厘米

19	板瓦	20	板瓦
	北朝 太原市晋源区龙山童子寺遗址出土 长30、残宽18、厚2厘米		唐代 太原市晋源区晋阳古城一号建筑基址出土 长35.5、宽端宽22.6、窄端宽18.3厘米

21 **板瓦**

唐代
太原市晋源区晋阳古城一号建筑基址出土
长36.5、宽端宽22.6、窄端宽14、厚1.6—2厘米

22 **板瓦**

唐代
太原市晋源区晋阳古城唐代一号作坊基址出土
长29.4、宽端残宽25、窄端残宽19.2、厚1.7—2.1厘米

23-1

23-2

| 23 | **板瓦** |

五代
太原市晋源区晋阳古城二号建筑基址出土
残长16.5、残宽17、厚1.5—2厘米

23-3

24-1

24 **板瓦**

五代
太原市晋源区晋阳古城二号建筑基址出土
残长19.5、残宽20、厚1.8—2.7厘米

24-2

24-3

当沟瓦

1 **当沟瓦**

唐代
太原市晋源区晋阳古城二号建筑基址出土
上缘宽25、下缘宽11、高13—13.3、厚1.5—1.8厘米

2 **当沟瓦**

五代
太原市晋源区晋阳古城三号建筑基址出土
长16、残宽8.5、厚1.2厘米

脊头瓦

1 **脊头瓦**

北朝
太原市晋源区晋阳古城二号建筑基址出土
长33、宽26.5—28、厚2.5—3厘米

2 脊头瓦

唐代
太原市晋源区晋阳古城一号建筑基址出土
长7.2、宽6.9、厚2.7厘米

3 脊头瓦

唐代
太原市晋源区晋阳古城二号建筑基址出土
长19、宽17、厚1.7厘米

4 脊头瓦

唐代
太原市晋源区晋阳古城三号建筑基
址出土
长36、宽26.5—30、厚2.5—6.8厘米

5 脊头瓦

唐代
太原市晋源区晋阳古城唐代一号作坊遗址出土
残长20.6、残宽18.5、厚2—4.3厘米

脊饰

第五章

脊獣

第五章 脊饰　251

1-1

1-2

1-3

1 **脊兽**

唐代
太原市晋源区晋阳古城一号建筑基址出土
残长24、宽19.5、高27.5厘米

2 **脊兽**
唐代
太原市晋源区晋阳古城一号建筑基址出土
残长38、宽19、高25厘米

3 **脊兽**
唐代
太原市晋源区晋阳古城一号建筑基址出土
残长31.5、宽20、高24.5厘米

2-1

2-2

3-1

3-2

4 脊兽

唐代
太原市晋源区晋阳古城三号建筑基址出土
残长31、残宽18、残高14厘米

5 脊兽

五代
太原市晋源区晋阳古城二号建筑基址出土
残长43、宽26、高31厘米

6

6 脊兽

五代
太原市晋源区晋阳古城二号建筑基址出土
残长34.6、宽21.3、高26.1厘米

第五章 脊饰　255

7

8

7 **脊兽**

五代
太原市晋源区晋阳古城二号建筑基址出土
长38、宽15.5、筒径13厘米

8 **脊兽**

五代
太原市晋源区晋阳古城二号建筑基址出土
长36.5、宽16厘米

鸱尾

第五章　脊饰

1　**鸱尾**

北朝
太原市晋源区晋阳古城苗圃出土
残长36、残宽34、残高25厘米

2　**鸱尾**

北朝
太原市晋源区晋阳古城苗圃出土
残长40、残宽26、残高18厘米

3　**鸱尾**

唐代
太原市晋源区龙山出土
残高62.5、残宽50、厚21厘米

4 鸱尾

唐代
太原市晋源区龙山出土
残高75.5、残宽51、厚33厘米

4-1

第五章 脊饰

4-2

4-3

鸱吻

第五章 脊饰   261

1 **鸱吻**

五代
太原市晋源区晋阳古城二号建筑基址出土
残高21.3厘米

2 **鸱吻**

五代
太原市晋源区晋阳古城二号建筑基址出土
残长28、宽20.5厘米

3 **鸱吻**

五代
太原市晋源区晋阳古城二号建筑基址出土
残高14厘米

第六章 建筑工具

夯

第六章　建筑工具

1　**石夯**

唐代
太原市晋源区晋阳古城一号建筑基址出土
径13.9、高21.7、榫径3.3厘米

2　**石夯**

唐代
太原市晋源区晋阳古城一号建筑基址出土
径14、高16.3、榫径3.8厘米

3 **石夯**

唐代
太原市晋源区晋阳古城一号建筑基址出土
径12.3、高19.4、榫径3.7厘米

4 **铁夯**

唐代
太原市晋源区晋阳古城一号建筑基址出土
径13.2、高14.4、榫径3.8厘米

3

4